ISO・JIS準拠

ものづくりのための
寸法公差方式と幾何公差方式

桑田 浩志 編著

日本規格協会

序　文

　国際企業活動の拡大とデジタル化されつつある図面情報に対して，図面の解釈に大きな差ができており，ものづくりに大きな障壁となっています。

　第1の障壁は，設計者が図面に指示した公差，例えば，寸法公差，幾何公差，表面粗さなどの解釈の違いです。この解釈の違いは，設計者や生産技術者が受けた教育の時期，企業風土，個々の国による教育内容などが原因である場合がほとんどではないでしょうか。

　第2の障壁は，国際規格や国家規格が制定・改正を重ねているにもかかわらず，かなりの企業が企業内規格や団体規格の改正を怠ってきたためです。そのため，企業の構成員が古い公差概念を押し付けられて，日々の業務に邁進した標準化の弊害であると思います。

　また，標準化に関連して規格を制定・改正して，それを定着させるまでの過程を標準化といいますが，関係者が規格を定着させる努力をしなければなりません。

　さて，公差方式は，大別してISO方式（国際規格方式）とANSI方式（アメリカ規格方式）とがあります。これらは，習慣の違いから，統一されるまでには至っていませんが，根底にある概念はほぼ同じであるといえます。最も異なる部分は，寸法公差方式及び幾何公差方式が互いに独立するというISOの考え方と，これらが相互に依存するというANSIの考え方の二つです。

　次に大切なことは，デジタル化が急速に進んでいるということです。そのための新しい考え方を設計者，生産技術者が身に付けることも大切です。

　本書で述べる新しい公差方式は，図面の解釈の国際的統一を目指して国際標準化機構（ISO）が長い年月をかけて調査研究をしてきたものと，それに極力整合を図った日本工業規格（JIS）に基づいています。そのため，ISOやJISの関係規格の解説書の役割も担った"ものづくりのための寸法公差方式と幾何公差方式"としました。

　特に，幾何公差方式は，アメリカ，イギリス及びカナダにおいて，1940年初頭から1960年代の中頃までにほぼ完成された形で図面に採用されたものであり，日本の製造業ではこの分野の普及の遅れが目立ちます。新しい幾何公差方式の考え方を図面に反映させることは，今や機械設計者に課せられた任務であり，精度設計の最も有効なツールです。

　新しい公差概念は，関係者の合意のもとに，標準化した内容をいかに波風を立てずに企業に定

着させるかにかかっています．本書を手にされて，ご自分の考え方と比較され，どのように進歩しているかを認識した上で，業務に，教育に反映させることをお奨めいたします．

　図面は，企業を映す鏡であり，図面を見れば，その企業の姿勢が見えます．1日も早く，新しい公差方式に基づいた"ものづくり"ができることを期待しています．

　本書が"ものづくり"における統一した解釈ができる手助けとなり，結果として最大実体公差方式を正しく適用して，最大の経済効果が得られるようになれば，ISO/JISの設計・製図関係の標準化の一端を担う者として，この上のない喜びであります．

　最後に，本書の出版の労をとられた日本規格協会書籍出版課の伊藤宰課長及び宮原啓介氏にこの場をお借りして厚くお礼を申し上げます．

2006年10月吉日

三河岡崎にて　桑田 浩志

本書の使い方

　本書は，大別して寸法公差方式及び幾何公差方式で構成されている。

　寸法公差方式については，個々に図面に指示する公差，公差域クラスに代表される寸法公差方式及び普通公差の詳細が記載されているので，自分が習得している内容，自分の考え方とどのように異なっているかを確認してほしい。その上で，本書を業務における公差便覧として活用してほしい。

　幾何公差方式については，形状公差，姿勢公差及び位置公差の特質を見極め，適切な公差特性が選べるようになるのが幾何公差方式を知る近道である。いろいろな条件の中で，代替特性まで選定できれば，ものづくりが容易になる。

　すでに図面に幾何公差方式を適用している場合には，データムにもⓂを適用することができるかどうかを検討すべきである。最大実体公差方式Ⓜが適用できる7特性について，Ⓜの適用例を示しているので，ある例についてⓂの例を他の特性にも応用できるかどうかを検討してほしい。例えば，公差値にⓂが適用できるようにするにはどうすべきか，データムにⓂを適用するようにするにはどうすべきか，を部品の検証までを真剣に検討して，コスト削減に寄与すべきである。

　検証方法については，機能ゲージの例を多く示したが，これはⓂを理解するための最もよい方法であり，簡易測定器や形状測定機あるいは三次元測定機を使用することを排除するものではない。これらについては，他の書籍に委ねることとした。

　最小実体公差方式は，機能ゲージが使用できないこと，三次元測定が必要なことなどから，国内ではまだ適用が少ないといえる。特に，プラスチック成形品，ダイカストなどに最小実体公差方式を適用した場合には，肉厚不同による不良の撲滅が期待されるなどの利点があるので，その分野の業種での使用が強く望まれる。

　寸法公差方式及び幾何公差方式は，ISO/TC 213が開発しているGPS規格に含まれているものの一部分である。GPS規格は2005年から国際的に適用することが合意されているが，英国がその適用を開始しており，米国では幾何学的寸法及び公差方式の認定事業までを開始していることからも，なるべく早い時期に新しい考え方に精通され，図面に正しく指示されることを希望する。

競争が激化する世の中にあっては，関係者と協議の上で，合意の上で物事を推進することが大切であって，一人や二人の力でものづくりの風土を変えることはできない。一つのシステムを正しく導入するには，特に，設計，生産技術，品質保証，製造，検査部門など関係部署での合意が必要である。

本書は，そのための有益な参照資料になり得るものであると確信する。

第2刷（2011年7月）発行に際して

本書第1版第2刷発行までに設計・製図関係の幾つかのJISが改正されている．

次の(1)，(2)のJISについては，改正された部分（小改正）について，個々に確認されたい．

(1) JIS Z 8310：2010（製図総則）
  ① JIS B 0672-1：2002に規定する当てはめ方法を追加
  ② JIS C 0617-1：1999〜JIS C 0617-13：1999に規定する電気用図記号を追加
  ③ JIS Z 8617-1：2008〜JIS Z 8617-15：2008に規定するダイヤグラム用図記号を追加

(2) JIS B 0001：2010（機械製図）
  ① 連結線，ミシン目線，光軸線の導入
  ② JIS B 0672-1：2002に規定する当てはめ方法を追加
  ③ ざぐり，皿ぐり及び穴深さの図記号を導入
  ④ JIS C 0617-1：1999〜JIS C 0617-13：1999に規定する電気用図記号を追加
  ⑤ JIS Z 8617-1：2008〜JIS Z 8617-15：2008に規定するダイヤグラム用図記号を追加
  ⑥ 形状変更・訂正例を追加

目　　次

序文
本書の使い方

1. 寸法

1.1 寸法の定義 ··· 13
- 1.1.1 寸法の基準 ··· 13
- 1.1.2 寸法の定義 ··· 14
- 1.1.3 寸法の種類 ··· 15
- 1.1.4 設計寸法 ·· 20

1.2 寸法指示方法 ·· 22
- 1.2.1 直列寸法記入法 ·· 22
- 1.2.2 並列寸法記入法 ·· 22
- 1.2.3 累進寸法記入法 ·· 22
- 1.2.4 座標寸法記入法 ·· 24
- 1.2.5 複合寸法記入法 ·· 25

1.3 各種形体に指示する寸法 ··· 25
- 1.3.1 丸穴形体又は円筒形体 ·· 25
- 1.3.2 かど，隅 ·· 28
- 1.3.3 端部の半径 ··· 28
- 1.3.4 球体 ·· 29
- 1.3.5 角柱 ·· 29
- 1.3.6 エッジ ·· 30
- 1.3.7 弦の長さと円弧の長さ ·· 31
- 1.3.8 板厚 ·· 31

引用文献 ··· 32

2. 寸法公差及びはめあいの方式

2.1 寸法公差方式 ·· 33
- 2.1.1 寸法公差又は寸法許容差 ··· 33
- 2.1.2 基本公差 ·· 34
- 2.1.3 公差域の位置 ··· 38

  2.1.4 基礎となる寸法許容差 ………………………………………… 39
  2.1.5 寸法許容差の求め方 …………………………………………… 47
  2.1.6 公差域クラス …………………………………………………… 49
 2.2 はめあい方式 ………………………………………………………… 49
  2.2.1 はめあい ………………………………………………………… 49
  2.2.2 はめあい方式 …………………………………………………… 51
  2.2.3 公差域クラスの選択性 ………………………………………… 58

3. 寸法公差

 3.1 寸法公差を指示する意味 …………………………………………… 63
 3.2 数値で指示する公差 ………………………………………………… 63
  3.2.1 両側公差 ………………………………………………………… 63
  3.2.2 片側公差 ………………………………………………………… 65
  3.2.3 許容限界寸法 …………………………………………………… 65
  3.2.4 最大寸法又は最小寸法 ………………………………………… 65
 3.3 公差域クラスの指示 ………………………………………………… 66
 3.4 エッジ公差 …………………………………………………………… 66
  3.4.1 エッジの指示方法 ……………………………………………… 67
  3.4.2 指示方法 ………………………………………………………… 69
  3.4.3 規格の引用 ……………………………………………………… 71
  3.4.4 エッジの指示例 ………………………………………………… 72
 3.5 公差の累積 …………………………………………………………… 74
 3.6 公差方式の独立性と相互依存性 …………………………………… 74
  3.6.1 独立の原則 ……………………………………………………… 74
  3.6.2 独立の原則の図面への表示 …………………………………… 76
  3.6.3 相互依存性 ……………………………………………………… 76

4. 普通寸法公差

 4.1 鋳造品の寸法公差方式 ……………………………………………… 79
  4.1.1 鋳放し鋳造品 …………………………………………………… 79
  4.1.2 鋳造品の公差 …………………………………………………… 80
  4.1.3 型ずれ …………………………………………………………… 85
  4.1.4 抜けこう配 ……………………………………………………… 85
  4.1.5 肉厚 ……………………………………………………………… 86
  4.1.6 要求する削りしろ ……………………………………………… 87
  4.1.7 公差域の位置 …………………………………………………… 88
  4.1.8 *CT* 及び *RMA* の解釈 ………………………………………… 88
  4.1.9 図面指示方法 …………………………………………………… 90

4.2　鋼の熱間型鍛造品公差(ハンマ及びプレス加工) 90
　　4.2.1　公差決定の諸要素 91
　　4.2.2　公差等級 93
　4.3　鋼の熱間型鍛造品公差(アプセッタ加工) 102
　　4.3.1　公差決定の諸要素 102
　　4.3.2　公差等級 104
　4.4　金属板せん断加工品の普通寸法許容差 110
　　4.4.1　普通寸法許容差 110
　　4.4.2　図面への指示方法 111
　4.5　金属プレス加工品の普通寸法許容差 111
　　4.5.1　プレス加工品普通寸法許容差 112
　　4.5.2　曲げ及び絞りの普通許容差 112
　4.6　主として金属の除去加工に適用する普通寸法公差 112
　　4.6.1　長さ寸法の普通公差 113
　　4.6.2　角度寸法の普通公差 114
　　4.6.3　図面への指示方法 114
　　4.6.4　採否 115
　4.7　金属焼結品の普通許容差 116
　　4.7.1　幅の普通許容差 116
　　4.7.2　高さの普通許容差 117
　　引用文献 117

5. 幾何公差方式

　5.1　幾何偏差 119
　　5.1.1　幾何偏差の種類 119
　　5.1.2　幾何偏差の定義 120
　　5.1.3　幾何偏差と公差域 133
　5.2　幾何公差 135
　　5.2.1　幾何公差の種類 135
　　5.2.2　公差域 135
　　5.2.3　データム 136
　　5.2.4　データムターゲット 140
　5.3　幾何公差の図示方法 140
　　5.3.1　一般的事項 140
　　5.3.2　付加記号 140
　　5.3.3　公差記入枠への記入 141
　　5.3.4　データムの指示 143
　　5.3.5　データムターゲットの指示 144
　　5.3.6　特定の要求事項 146

5.3.7	補足事項の指示	147
5.3.8	理論的に正確な寸法	149
5.3.9	代替幾何特性	149
5.3.10	なぜ幾何公差が必要か	150

6. 最大実体公差方式及び最小実体公差方式

6.1	最大実体公差方式	151
6.1.1	定義	151
6.1.2	最大実体公差方式の指示	151
6.1.3	用語の意味	152
6.1.4	公差付き形体へのⓂ指示例の解釈	154
6.1.5	公差付き形体及びデータムへのⓂ指示例	155
6.1.6	公差付き形体及びデータムへのⓂ指示例の解釈	156
6.2	複合位置度公差方式	157
6.3	突出公差域	158
6.4	幾何公差特性と最大実体公差方式	159
6.4.1	最大実体公差方式の適用性	159
6.4.2	真直度公差へのⓂの適用	159
6.4.3	平行度公差へのⓂの適用	163
6.4.4	直角度公差へのⓂの適用	167
6.4.5	傾斜度公差へのⓂの適用	170
6.4.6	位置度公差へのⓂの適用	173
6.4.7	同軸度公差へのⓂの適用	179
6.4.8	対称度公差へのⓂの適用	181
6.5	最小実体公差方式	182
6.5.1	定義	182
6.5.2	最小実体公差方式の指示	182
6.5.3	公差付き形体へのⓁを適用した例	183
引用文献		186

7. 普通幾何公差

7.1	単独形体に適用する普通幾何公差	187
7.1.1	真直度公差及び平面度公差	187
7.1.2	真円度公差	187
7.1.3	円筒度公差	188
7.2	関連形体に適用する普通幾何公差	188
7.2.1	直角度公差	188
7.2.2	対称度公差	189
7.2.3	同軸度公差	190

7.2.4	円周振れ公差	190
7.3	図面への指示方法	190
7.4	採否	191
7.5	普通幾何公差の指示例	191
	引用文献	192

附録　図面例

1. エンジンブロック AB（図面番号：12345-1） ... 193
2. エンジンヘッド AB（図面番号：12345-2） ... 195
3. クランクシャフト AB（図面番号：12345-3） ... 195
4. コネクティングロッド AB（図面番号：12345-4） ... 196
5. カムシャフト AB（図面番号：12345-5） ... 196

参照規格一覧 ... 207
日本語索引 ... 209
英語索引 ... 214

1. 寸　　法

　部品の形状を定義するために，測定技術とともに寸法のもつ性格が少しずつ変化してきた。設計者は，設計要求を満たすとともに，ものづくりの場で使用する測定技術を考慮した寸法を図面に指示しなければならない。日本の多くの生産技術者は，設計者の指示した図面の行間を読み取ってものづくりをするが，他の国の生産技術者には図面の行間を読み取ることまではあまり期待できない。

　この章では，最近の国際的な寸法の解釈を踏まえて，寸法というものを少し掘り下げて考える。

1.1　寸法の定義

1.1.1　寸法の基準

　古くは，寸法を身体部分で計っていた。例えば，両手を拡げた幅は中国の尋に当たる"ひろ"であったし，西洋では肘から中指の先端までをキュービットとしていた。中国では，唐尺を使い，奈良の法隆寺は唐尺を使用して建立されたという。

　フランスが提唱国であったメートル条約によって，メートル原器が作られ，その副原器に基づいた長さ測定器によって寸法がメートルを単位として測定されるようになったことは，測定機器の発達がその背景にあった。

　このメートルの定義については，白金90％とイリジューム10％とのX断面形状の合金のメートル原器（図1.1）から，クリプトン86から出る赤橙色光線の波長からメートルを定義したのが1960年であった。現在の定義[1]は，1983年に次のように書き換えられている。

　メートルは，1秒の299 792 458 分の1の時間に光が真空中を伝わる行程の長さである。

　機械工学の分野では，ものづくりに1メートルの千分の一，すなわち，ミリメートル（単位記号：mm）を寸法の単位としている。もちろん，1×10^{-6} m のマイクロメートル（μm）や 1×10^{-9} m のナノメートル（nm）も使用されている。

　なお，日本の計量法では，長さの単位はメートル（単位記号：m）である。

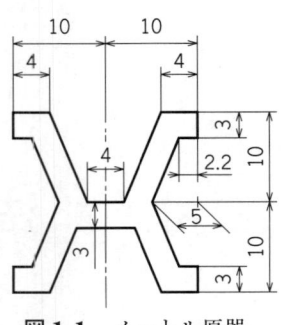

図1.1　メートル原器

1.1.2　寸法の定義

現在，寸法は，"決められた方向での，対象部分の長さ，距離，位置，角度，大きさを表す量"と定義されている[2]。

寸法 (dimension) としては，数学的には直線寸法 (linear dimension)，角度寸法 (angular dimension)，複合寸法 (composite dimension) 及び座標寸法 (coordinate dimension) があるが，ものづくりに必要な寸法は大きさ寸法 (size dimension)，位置寸法 (positional dimension) 及び角度寸法 (angular dimension) が重要な役割を果たす。

直線寸法と角度寸法とは単位が異なるので，別物であるように思われるが，両者は寸法の範ちゅうにある。これらの寸法を指示した簡単な部品図の例を図1.2[3]に示す。

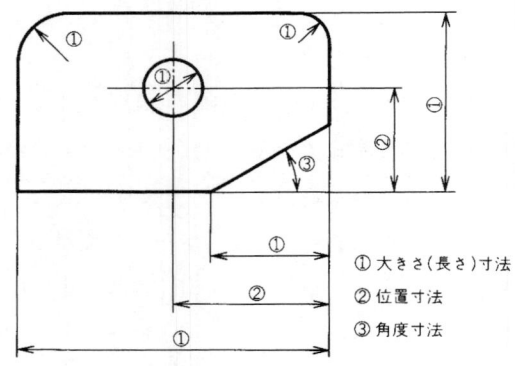

① 大きさ(長さ)寸法
② 位置寸法
③ 角度寸法

図1.2　寸法の指示例

長さは，一般的な直線寸法あるいは曲線上の二点間の距離である。ボルトの首下長さ32 mm，ホースの長さ30 mのように使用される。

寸法の定義の中の"距離"は，ある点から別の点までの長さであり，"円筒の直径は二点間の最短距離で表される"のように用いられる。"最短"という用語がなければ，通常の二点間の距離として用いられる。

位置寸法は，球の中心，穴の軸線，溝の中心平面，端面など，形体の位置を規制するために用いられる寸法である。形体 (feature) の位置が寸法及び寸法公差で規制される場合には，位置寸

法はあまり意識されなかったが，位置度公差が適用されると，位置寸法は寸法及び寸法公差の代わりに理論的に正確な寸法（theoretically exact dimension : TED）と位置度公差とが指示される（図1.3）。この理論的に正確な寸法は，寸法公差をもたないので，寸法数値を長方形の枠で囲んで他の寸法と区別される。枠付き寸法ともいう。

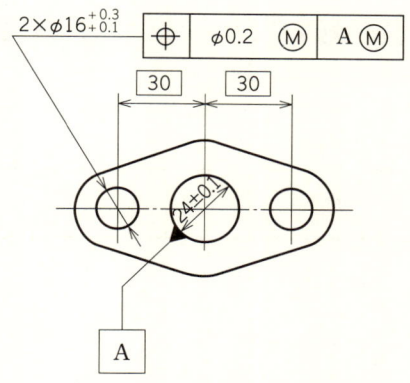

図1.3 理論的に正確な寸法

大きさ寸法は，サイズ寸法又は単にサイズと呼ばれ，公差を伴って幅寸法や穴の直径を定義するために用いられる。角度寸法の中でも，交差した軸線の角度のようなものではなく，実体のある傾斜ブロックやバイトの刃先の角度は，角度サイズ（angular size）と呼ばれる。これも大きさ寸法である。

1.1.3 寸法の種類
図面に指示される寸法は，次のものがある。
(1) 二点寸法

二点寸法（two-point dimension）は，ノギスやマイクロメータで測定できる二点間の寸法である（図1.4）。精度が厳しくない場合の円筒軸や丸穴の直径は，二点寸法が図面に指示される。この場合，直径を十字の位置で測ったぐらいでは円筒形状の保証はされない。

　参考　JIS Z 8310：1984では，"長さ寸法は，特に指示がない限り，その対象物の測定を二点測定によって行うものとして指示する。"と規定された。

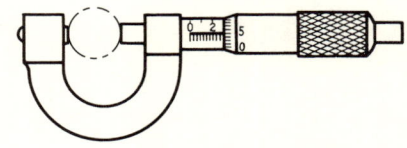

図1.4 マイクロメータによる二点測定の例[4]

(2) 当てはめ寸法

形体表面から得た多くの測定点［これをデータセット（data set）という。］を，指定された方法（例えば，最小二乗法，最小領域法など）で演算処理して得られた当てはめ外殻形体（associated integral feature）（図1.5）の直径や厚さを当てはめ寸法（associated dimension）といい，デジタル化に対応した寸法である。

データセットを最小二乗法で演算処理して求めたサイズ寸法を最小二乗寸法（least square size），最小領域法（minimum zone method）で演算処理して求めたサイズ寸法を最小領域寸法（minimum zone size）という。

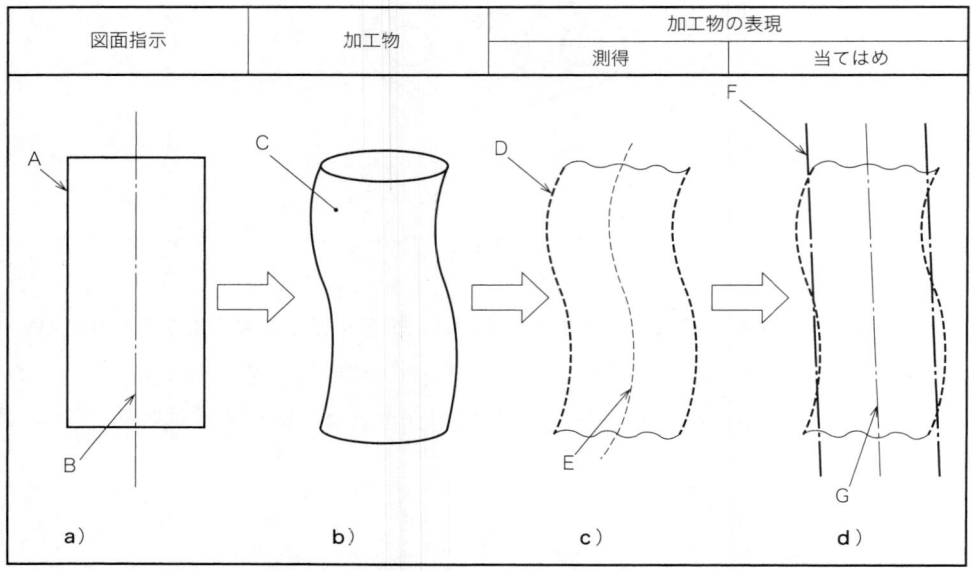

凡例　A：図示外殻形体（nominal integral feature）　B：図示誘導形体（nominal derived feature）　C：実形体（real feature）　D：測得外殻形体（extracted integral feature）　E：測得誘導形体（extracted derived feature）　F：当てはめ外殻形体（associated integral feature）　G：当てはめ誘導形体（associated derived feature）

図1.5　当てはめ方法　（JIS B 0672-1）

当てはめ寸法は，三次元測定機（写真1.1）や形状測定機［例えば，真円度測定機（写真1.2）］を用いることを意図している。

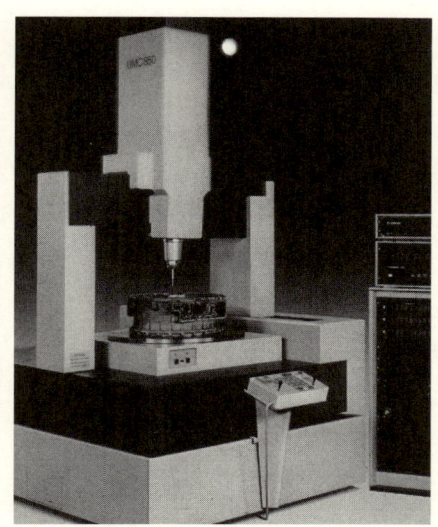

写真1.1 三次元測定機の例[5]
（カールツアイス社製）

写真1.2 真円度測定機の例[6]
（テーラーホブソン社製）

当てはめ寸法に対して，例えば，円筒軸の局部寸法（actual local size）は測得円筒から求められる（図1.6）。

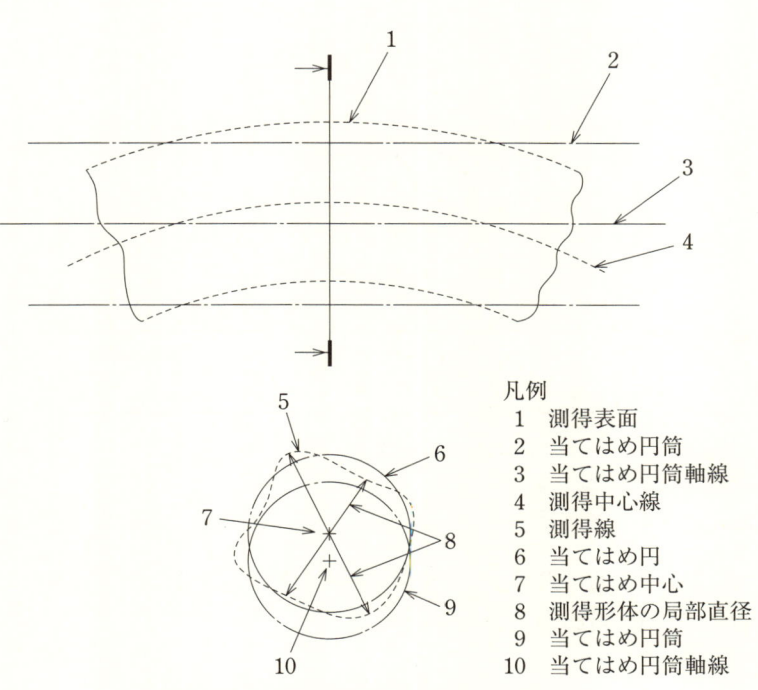

凡例
1　測得表面
2　当てはめ円筒
3　当てはめ円筒軸線
4　測得中心線
5　測得線
6　当てはめ円
7　当てはめ中心
8　測得形体の局部直径
9　当てはめ円筒
10　当てはめ円筒軸線

図1.6　測得円筒の局部寸法（JIS B 0672-2）

はめあいの適用を受ける穴や軸に対しては，最大内接円法で演算処理して求めた最大内接円寸法（maximum inscribed size）や最小外接円寸法（minimum circumscribed size）がある。

参考 最大内接円法及び最小外接円法については，第5章を参照。

(3) 座標寸法

正座標を用いて，各点を表す寸法に座標寸法（coordinate dimension）がある（図1.7）。極座標を用いて，各点を表す寸法は，特に，極座標寸法（polar form dimension）という（図1.8）。

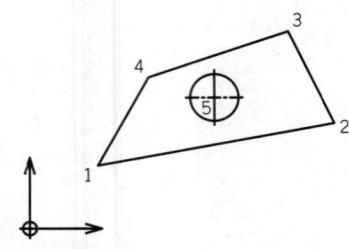

位置	X	Y	D
1	10	10	—
2	60	20	—
3	50	40	—
4	20	30	—
5	35	25	φ10

図1.7 座標寸法（ISO 129-1）

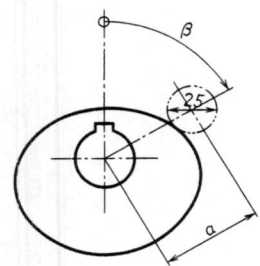

β	0°	20°	40°	60°	80°	100°	120～210°	230°	260°	280°	300°	320°	340°
a	50	52.5	57	63.5	70	74.5	76	75	70	65	59.5	55	52

図1.8 極座標寸法（JIS B 0001）

(4) 平均寸法

直径などの直径を十字方向に測定して，その算術平均値が平均寸法許容限界内にあるように規制される。図1.9にASME Y14.5M[7]の例を示す。

1.1 寸法の定義

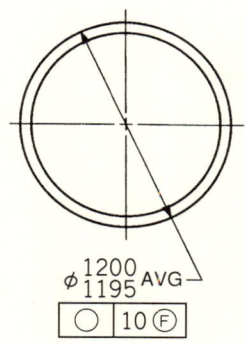

図1.9 平均寸法（ASME Y14.5M）

なお，図1.9の真円度公差の Ⓕ は，自由状態（free state）を意味し，指示した公差が自由状態，すなわち，拘束のない状態で公差が許容される。

（5）面積寸法

ポンプの吐出量は，出口の断面積によって決まる。この断面積から得られる直径で製作される寸法が面積寸法（area dimension）である。

実際の大物鋳造製の揚水ポンプは，鋳造後に設計仕様の吐出量になるように吐出口を公差内で削ることがある。

（6）円周寸法

直径よりも円周の長さが重要な場合，（例えば，自動車の車輪のリムはタイヤが当たるリム径よりも円周の長さが重要である。），これを円周寸法（circumference dimension）という。

すなわち，円周長さ＝円周率×直径 の関係から直径を求めることができる。

参考 国内の図面では，円周寸法に見合う直径寸法が製作のための寸法として指示されている。

（7）番線寸法

自動車用プレス部品では，X-Y方向のグリッド（番線という。）を基準として，個々の寸法をそこから指示する。番線間隔は，100 mm及び50 mmがあるが，100 mm番線が基本である。

（8）統計寸法

統計寸法（statistical dimension）は，統計学に基礎をおいて，組立ての構成品の形体に対して公差内にあるように要求する寸法であり，全数検査ではなく，抜取検査を容認する。

統計寸法の図示例を図1.10に示す。

参考 記号STは，Statistical Tolerance の略号である。

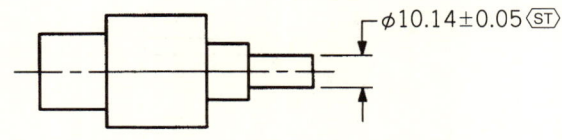

図1.10 統計寸法（ASME Y14.5M）

1.1.4 設計寸法

設計部門が必要とする概念的な寸法は，次のとおりである。

(1) 設計寸法

設計寸法（design dimension）は，機能的，力学的，製造的，デザイン的な理由から個々の形体に指示する寸法に対して公差が割り当てられる。この公差は，数値であっても，普通公差の等級記号であってもよい。寸法公差が指示されない理論的に正確な寸法は，輪郭度公差，傾斜度公差，位置度公差などとともに指示されるので，これも設計寸法である。

(2) 指示寸法

指示寸法は，図面上の個々の形体に対して設計要求に応じて指示した幅，高さ，直径（diameter），半径（radius），かどの丸み（external radius），面取寸法（chamfer height for broken edge），段差寸法（step dimension），間隔（distance）などの長さ寸法，角度寸法などである。

　参考　指示寸法（specified dimension）は，設計指示寸法ということがある。

段差寸法は，平行な二つの平面間の寸法である（図 1.11）。実際の段差寸法を特定しようとすれば，二つの平面の形状公差，基準面の問題，二点測定か最小二乗寸法か，などで測定値がかなり異なる。厳しい精度が要求される段差については，平行度公差又は位置度公差が指示される。

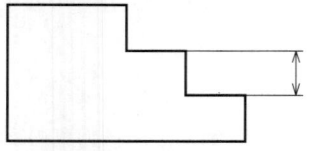

図 1.11　段差寸法

設計要求を明確にするために，アメリカ国家規格 ANSI Y14.5M : 1994 では，図 1.12 に示すように起点記号（origin symbol）を用いて，カナダ国家規格 CSA B78.2 : 1991 では（部品の描く向きが異なっているが），図 1.13 に示すようにデータム三角記号を用いて検証基準を明確にしている。

図 1.12　起点記号を用いた段差寸法の指示例　(ANSI Y14.5M)

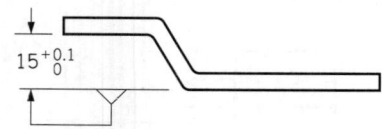

図 1.13　データム三角記号を用いた段差寸法の指示例　(CSA B78.2)

1.1 寸法の定義

(3) 呼び寸法

呼び寸法（nominal dimension, nominal size）は，対象物の大きさ，機能を代表する寸法である（JIS Z 8114）。この呼び寸法は，例えば，規格化された鋼材の一般的なサイズを表す目的で組立図面への部品の引用寸法などに用いられる。そのため，一般的には呼び寸法と鋼材や部品の規格寸法とは必ずしも一致しない。

(4) 機能寸法

機能上必須の形体の部分，すきまなどの寸法を機能寸法（functional dimension）という（JIS Z 8114）。

フランス国家規格 NF E 04-521：1986 では，図1.14 を例示している。この考えは，ISO 129 を経て，JIS B 0001：2000 にも採用された。

なお，図1.14 の F が機能寸法であり，NF が非機能寸法である。

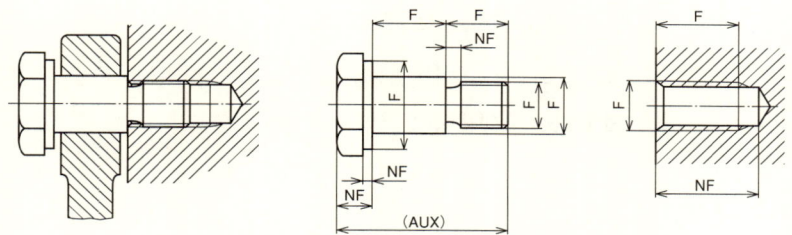

図1.14　機能寸法の例（NF E 04-521）

(5) 仕上がり寸法

仕上がり寸法（finished dimension）は，製作図において意図した加工を終えた状態の対象物がもつべき寸法である（JIS Z 8114）。例えば，素形材図であれば，素形材の形状に加工した状態の寸法であり，素形材図に前加工やひずみ取りの熱処理を要求したものは，それらの加工や処理を終えた状態の寸法である。

一般的な部品図であれば，切削加工やめっき処理や塗装処理の指示があれば，それらを終えた状態の寸法である。処理前後の状態の寸法を個々に指示することもある。

(6) 実測寸法

仕上がった対象物の，実際に測定して得られた寸法が実測寸法（measured dimension）である。これは，実際寸法又は局部実寸法と同義である場合が多い。この実測寸法が図面指示寸法の最大許容寸法と最小許容寸法との間にあればよい。

実測寸法は，どのような実測機器を使用し，測定環境の状態，測定の不確かさ[8]を明確にする必要がある。最近では，測定の不確かさを加味しなければならない時代になりつつある。

1.2 寸法指示方法

寸法指示方法には，直列寸法記入法，並列寸法記入法，累進寸法記入法，座標寸法記入法及び複合寸法記入法がある。

1.2.1 直列寸法記入法

直列寸法記入法（chain dimensioning）は，個々の部分の寸法を，それぞれ次から次に記入する方法であるが（図1.15），個々の寸法は公差をもつから，公差の累積は避けられない。

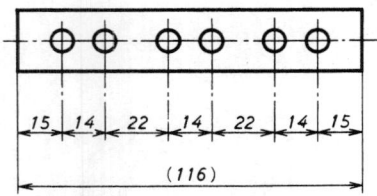

図 1.15　直列寸法記入法（JIS B 0001）

1.2.2 並列寸法記入法

並列寸法記入法（parallel dimensioning）は，基準となる部分からの個々の部分の寸法を，寸法線を並べて記入する方法である（図1.16）。この方法は，公差の累積はないが，基準面から形体が遠ざかるに従って公差を大きくしなければならない。

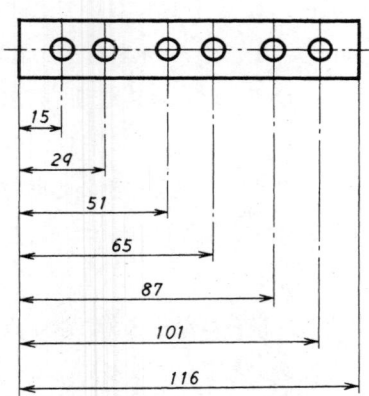

図 1.16　並列寸法記入法（JIS B 0001）

1.2.3 累進寸法記入法

累進寸法記入法（superimposed running dimensioning）は，基準となる部分からの個々の部分の寸法を，共通の寸法線を用いて記入する方法である（図1.17）。

起点記号は寸法の基準点であるから，個々の形体の位置は並列寸法記入法と同じように規制される。

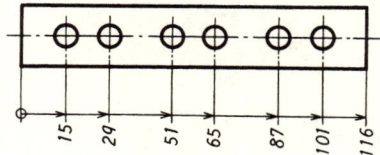

図 1.17 累進寸法記入法 （JIS B 0001）

この方法は，一つの寸法指示でも累進寸法記入という（図 1.18 の寸法 18）。

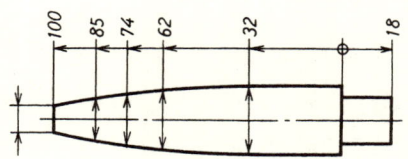

図 1.18 累進寸法記入法 （JIS B 0001）

寸法を記入する形体の間隔が十分にある場合には，端末記号の近くに，寸法線の上側に記入しても，基点からの寸法である（図 1.19）。

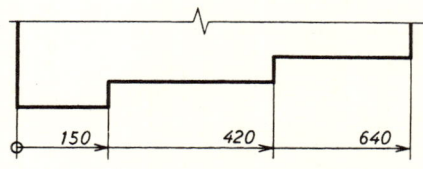

図 1.19 累進寸法記入法 （JIS B 0001）

累進寸法記入法は，一つの方向だけでなく，それに直角な方向にも指示できる（図 1.20）。

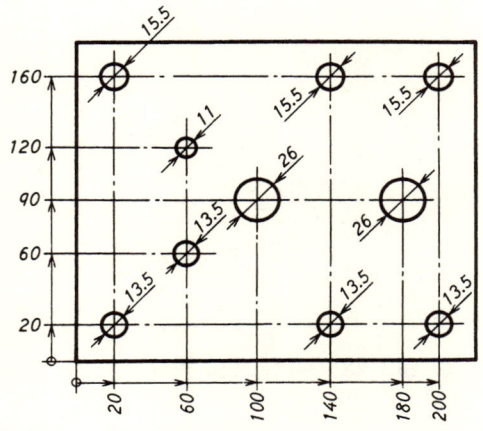

図 1.20 2方向への累進寸法を指示する例 （JIS B 0001）

また，累進寸法記入法は，同一中心をもつ半径の指示に対しても使用できる（図1.21）。

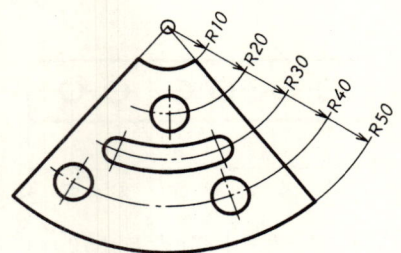

図1.21 半径に対して累進寸法記入法を指示した例（JIS B 0001）

1.2.4 座標寸法記入法

座標寸法記入法（coordinate dimensioning）は，個々の点の位置を表す寸法を，正座標によって記入する方法である（図1.22）。この方法は，NC加工を行う場合，三次元測定を行う場合には，特に便利な寸法記入方法であるといえる。

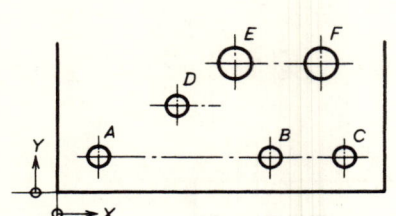

	X	Y	φ
A	20	20	13.5
B	140	20	13.5
C	200	20	13.5
D	60	60	13.5
E	100	90	26
F	180	90	26

図1.22 座標寸法記入法（JIS B 0001）

極座標系を用いて寸法を指示する場合には，原点からの形体の位置を半径と基準軸からの角度によって示す（図1.23）。

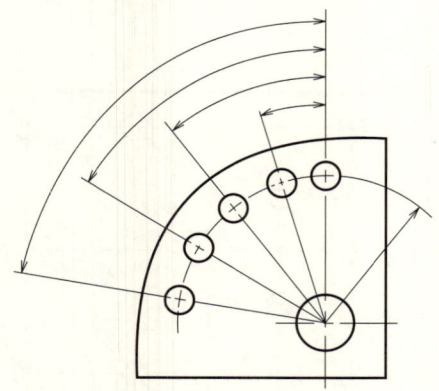

図1.23 極座標寸法を指示した例

1.2.5 複合寸法記入法

複合寸法記入法（composite dimensioning）は，これまで示した寸法記入法の幾つかを用いて寸法を記入する方法である。直列寸法記入法と累進寸法記入法とを指示した例を図1.24に示す。

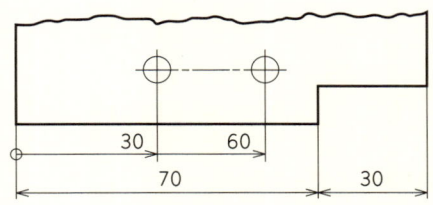

図1.24 複合寸法を指示した例

1.3 各種形体に指示する寸法

一般的な寸法指示のほかに，寸法補助記号を用いて各種形体に寸法を指示することができる。

1.3.1 丸穴形体又は円筒形体

円形形状が描かれている場合には，丸穴や円筒軸の直径はその直径寸法値だけが指示される（図1.25）が，側面図として丸穴や円筒軸が描かれている場合には，直径記号 ϕ を直径数値の前に置いて直径寸法が指示される（図1.26）。

なお，180°未満の円弧に対して直径寸法を指示する場合には，直径記号 ϕ を直径数値の前に置く。

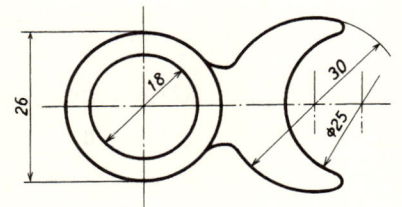 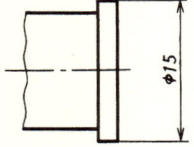

図1.25 円形形状へ直径寸法を指示する例 　　**図1.26** 側面図示形状へ直径寸法を指示する例
　　　　（JIS B 0001）　　　　　　　　　　　　　　　　　　　（JIS B 0001）

穴の直径は，加工方法と関連して指示される場合が多い。例えば，ボール盤を用いて穴あけ加工をする場合には"キリ"を，プレスで打抜く穴の場合には"打ヌキ"を，中子を用いて鋳抜き穴とする場合には"イヌキ"を直径寸法の数値に続けて指示する（図1.27）。

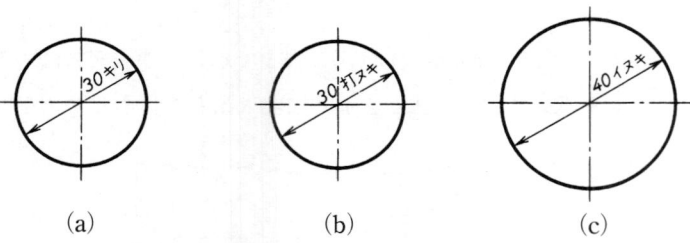

図 1.27　加工穴の指示例（JIS B 0001）

　加工方法を問わない比較的に小さな穴の場合には，引出線を用いて，穴の直径を指示することができる（図 1.28）。キリ加工，リーマ加工などを施す穴の直径は，直径値に続けて"キリ"，"リーマ"などを付記する（図 1.29，図 1.30）。

　なお，引出線を用いた場合，円形形状が表れていても，半径と区別するために穴の直径を表す記号 ϕ を指示する（図 1.28）。

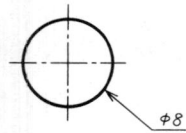

図 1.28　加工方法を問わない穴の直径の指示例（JIS B 0001）

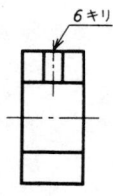 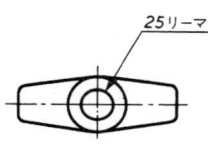

図 1.29　加工方法を指定する穴の直径の指示例 B　　図 1.30　加工方法を指定する穴の直径の指示例 A
　　　　（JIS B 0001）　　　　　　　　　　　　　　　　　　　　　　（JIS B 0001）

　座ぐりは，ナット，ボルトヘッド座面の座りをよくするために，鋳・鍛造面などの表面をスポット的に平面加工をするもので，図面上に完全な形状線が表れない場合が多く，単に"座ぐり"と指示すればよいので，引出線を用いて，そのことを指示すればよい（図 1.31）。

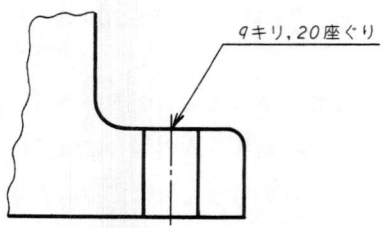

図 1.31　座ぐりの指示例（JIS B 0001）

工具径を示す必要がある場合には，図1.32[9]に示すように，寸法数値の後の（ ）内に指示するのがよい。この例のように，加工の形状線を明確に描く。

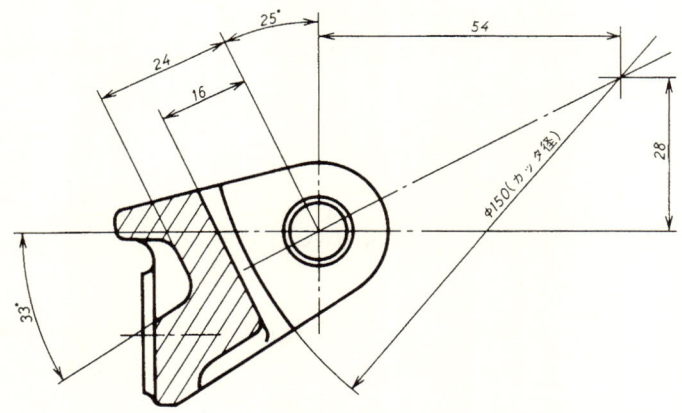

図1.32 工具径の指示例

深座ぐりは，形状を指示するので，座ぐり深さまで指示する。この深さは寸法線を用いて指示するか，引出線を用いて指示する（図1.33）。

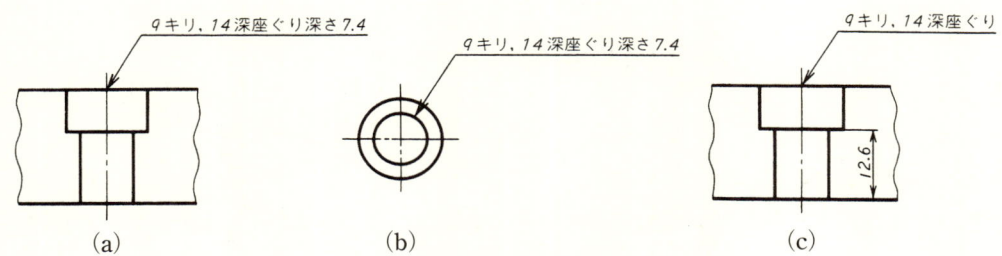

図1.33 深座ぐりの指示例 (JIS B 0001)

穴形体や軸形体ではないが，エンドミルで溝加工を行う場合，工具径又は溝幅及び工具の移動長さの指示が必要となる。この例を図1.34に示す。

なお，(R) は，幅寸法と $2 \times$ 半径とが重複寸法となるので，半径を参考扱いにしている。ISO 129-1では単に R を指示しているが，これでは数値が脱落しているかどうか判断できない。

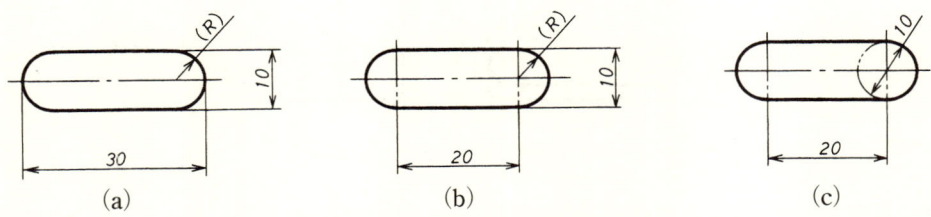

図1.34 溝加工の指示例 (JIS B 0001)

1.3.2 かど, 隅

かどの丸み (radius of external round) は, 半径を表す記号 R に続けて, 半径の数値を寸法線の上側, 寸法線の延長線の上側, 又は引出線を用いて指示する (図1.35)。

なお, 一枚又は一連の図面では, 記号 R を統一するならば, 半径の数値の前に付けなくてもよい。

図1.35 かどの丸みの指示例 (JIS B 0001)

隅の半径 (radius of internal round) は, 半径を表す記号 R に続けて, 寸法線の上側に半径の数値が指示される (図1.36)。半径が小さい場合には, 図1.35のルールが隅の半径にも適用される。

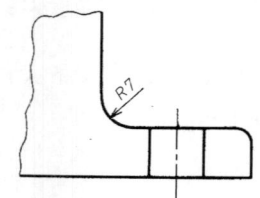

図1.36 隅の半径の指示例

1.3.3 端部の半径

投影図に実形が表れていない端部の半径には, 実半径を表すために, "実 R ○○" が指示される (図1.37)。

このような簡便的な指示方法を使用しない場合には, 傾いた面に沿って, 副投影面に図形を投影して, それに寸法を指示することになる。

ASME Y14.5M では, "実 R ○○" を "TRUE R ○○" としている。

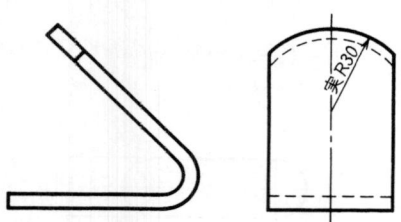

図1.37 実半径の指示例 (JIS B 0001)

帯鋼の端部の半径部分を曲げた形状の半径は, 平板の段階で丸くせん断して, 曲げ加工を行うので, 展開 R ○○ が指示される (図1.38)。これも便利な指示方法である。

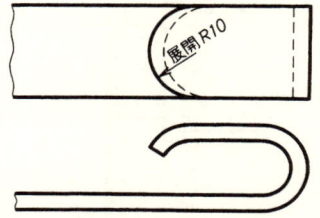

図 1.38 展開半径の指示例（JIS B 0001）

1.3.4 球体

球の直径は球径記号 $S\phi$ を直径数値の前に置いて球の直径寸法が指示され（図 1.39），球の半径は球半径記号 SR を半径数値の前に置いて球の半径寸法が指示される（図 1.40）。

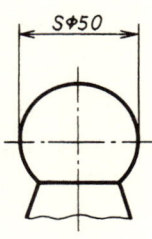

図 1.39 球の直径の指示例
（JIS B 0001）

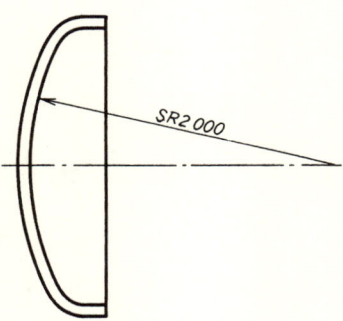

図 1.40 球の半径の指示例
（JIS B 0001）

1.3.5 角柱

正多角形の角柱は，多角形形状が投影図に表れている場合には，その各辺の寸法を指示する。例えば，正四角形の例を図 1.41 に示す。

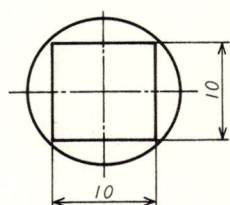

図 1.41 辺の寸法指示例（JIS B 0001）

多角形形状が側面図に表れている場合には，その一辺の寸法数値の前に記号 □（かくと読む）を付けて指示する。正四角柱の例を図 1.42 に示す。

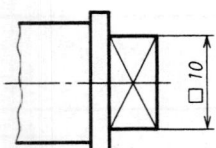

図 1.42 記号□を指示する例（JIS B 0001）

1.3.6 エッジ

面取りは，45°のほかに種々の角度の指示ができる。45°の面取りに対しては，一辺の寸法数値の前に記号 C を付けて指示する。この例を図 1.43 に示す。この規定は，JIS 特有のものであって，ISO には規定がない。図 1.43 の例は，ISO の規定のように一辺の寸法×45°のように指示しても同じである（図 1.44）。

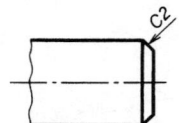

図 1.43 45°の面取りの指示例 A (JIS B 0001)

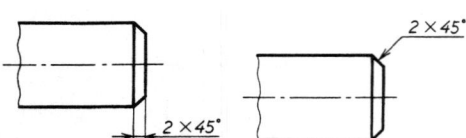

図 1.44 45°の面取りの指示例 B (JIS B 0001)

面取り角度と面取り寸法とを指示する場合には，形状が定義できるように指示される（図 1.45）。

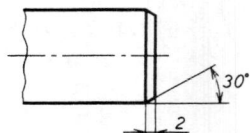
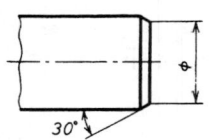

図 1.45 面取り角度と寸法との指示例（JIS B 0001）

複数の寸法，例えば，面取りの入口の径と面取り角度を用いて面取りを指示することができる。この例を図 1.46 に示す。

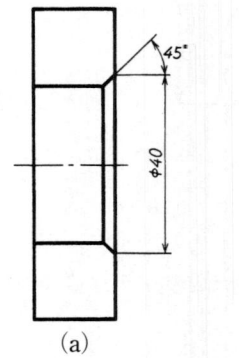
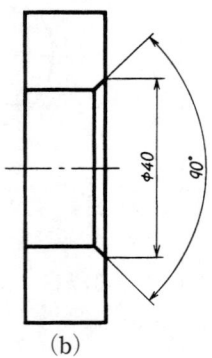

　　　　(a)　　　　　　　　(b)

図 1.46 複数の寸法を用いた面取りの指示例（JIS B 0001）

1.3.7 弦の長さと円弧の長さ

曲率をもった形体の弦の長さは弦に平行に引いた寸法線を用いて指示し（図1.47），円弧の長さは曲率に沿った円弧の寸法線を引いて，寸法数値の上側に括弧を付けて指示する（図1.48）。

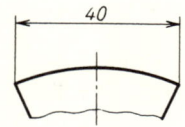

図1.47 弦の長さの指示例
(JIS B 0001)

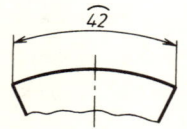

図1.48 円弧の長さの指示例
(JIS B 0001)

曲率半径が大きくなると，円弧の長さの数値の後に続いて括弧の中に寸法を適用する形体の半径を指示する（図1.49）。

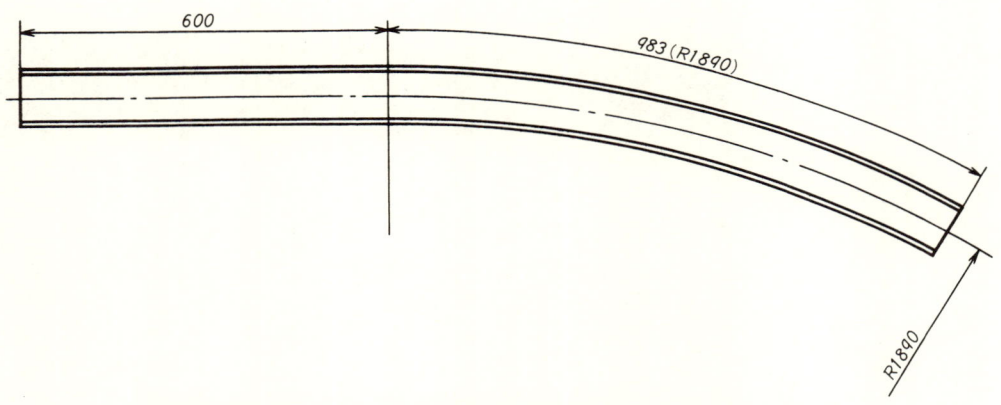

図1.49 曲率半径の大きい場合の円弧の長さの指示例 (JIS B 0001)

1.3.8 板厚

薄板部品は，一般的には，冷間圧延した板材を使用するため，寸法補助記号 t を使用して，板厚を指示することができる（図1.50）。もちろん，寸法補助線を用いて，一般的な寸法指示をしてもよい。この場合，側面図が必要になる。

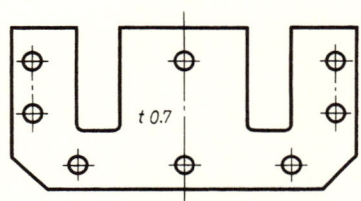

図1.50 板厚の指示例 (JIS B 0001)

引用文献

1) 工業技術院計量研究所訳・監修(1999)：国際文書第7版　国際単位系(SI) グローバル化社会の共通ルール—日本語版—, p.16, 日本規格協会
2) JIS Z 8114：1999　製図—製図用語
3) 桑田浩志 編(2000)：機械製図マニュアル 2000年版, p.179, 日本規格協会
4) 桑田浩志(共著)(2005)：図面の新しい見方・読み方 改訂2版, p.105, 日本規格協会
5) カールツアイス社カタログ
6) テーラーホブソン社カタログ
7) ASME Y14.5M：1994　Dimensioning and Tolerancing
8) JIS B 0641-1：2001　製品の幾何特性仕様(GPS)—製品及び測定装置の測定による検査—第1部：仕様に対する合否判定基準(ISO 14253-1：1998)
9) 文献3), p.224

2. 寸法公差及びはめあいの方式

はめあいは，18世紀末（1798年）にマサチューセッツ州生まれのホイットニーが銃を構成する部品の互換性を求めるために，専用ジグを考案して，大量生産に寄与した。その後，フォード自動車の大量生産に寄与して，現物合わせの第1世界からゲージ手法の第2世界を実現したことは周知の事実である。

イギリスが1906年に国家規格 BS 164（limits and fits for engineering）を制定して以来，工業生産にはめあい方式が採用され，現在では内容的に完成されたシステムとして，ISO 286-1（JIS B 0401-1），ISO 286-2（JIS B 0401-2）となっている。

この章では，最近の国際的に合意された考え方を踏まえて，JIS B 0401-1で"多く用いられるはめあい"と改正したため，寸法公差及びはめあいの方式が自由に使えるようになるために，内容を少し深く考えることにする。

2.1 寸法公差方式

2.1.1 寸法公差又は寸法許容差

部品の製作においては，寸法公差又は寸法許容差が必要である。

仕上がった寸法は，偏差（deviation），すなわち，"仕上がった寸法から理想的な寸法を差し引いた値"をもつものである。この偏差の最大値が寸法公差（dimensional tolerance）である。JIS B 0401-1では，寸法公差を**"最大許容寸法と最小許容寸法との差"**と定義している。

寸法公差又は寸法許容差は，機能上又は製作上で必要なものであり，製品品質を決定し，更には製品又は部品の原価までを支配する重要事項である。

　　参考　ISOでは，公差も許容差も tolerance であるが，JIS ではその意味によって tolerance を公差と偏差又は許容差とに区別して使用している。

2.1.2 基本公差

(1) 基本公差の数値

寸法公差の中でも，標準化された寸法公差を図面に指示することもしばしばある。標準化された寸法公差の代表的なものとしては，基本公差がある。

IT 基本公差が，JIS B 0401の1986年の改正によってISO 286-1との整合が図られ，単に基本公差 (standard tolerance) と呼ぶことになった。この標準化された基本公差の数値を表2.1に示す。

規格の改正によって，基本公差の数値IT 1からIT 5を暫定的に採用し，IT 01及びIT 0の基本公差の数値はその使用頻度が少ないという理由で基本公差の表から分離し，JIS B 0401-1の附属書として規定された。

IT 01及びIT 0の基本公差の数値を表2.2に示す。

なお，ドイツ，スイスなどでは，標準化された基本公差を単に数値の代わりに図面へ指示する例がある。その意味では，*IT*は寸法公差方式の一つであるといえる。

表2.1 基本公差 (JIS B 0401-1)

基準寸法 mm		公差等級																
を超え	以下	IT1[2]	IT2[2]	IT3[2]	IT4[2]	IT5[2]	IT6	IT7	IT8	IT9	IT10	IT11	IT12	IT13	IT14[3]	IT15[3]	IT16[3]	IT17[3]	IT18[3]
		公差																	
		μm											mm						
—	3[3]	0.8	1.2	2	3	4	6	10	14	25	40	60	0.1	0.14	0.25	0.4	0.6	1	1.4
3	6	1	1.5	2.5	4	5	8	12	18	30	48	75	0.12	0.18	0.3	0.48	0.75	1.2	1.8
6	10	1	1.5	2.5	4	6	9	15	22	36	58	90	0.15	0.22	0.36	0.58	0.9	1.5	2.2
10	18	1.2	2	3	5	8	11	18	27	43	70	110	0.18	0.27	0.43	0.7	1.1	1.8	2.7
18	30	1.5	2.5	4	6	9	13	21	33	52	84	130	0.21	0.33	0.52	0.84	1.3	2.1	3.3
30	50	1.5	2.5	4	7	11	16	25	39	62	100	160	0.25	0.39	0.62	1	1.6	2.5	3.9
50	80	2	3	5	8	13	19	30	46	74	120	190	0.3	0.46	0.74	1.2	1.9	3	4.6
80	120	2.5	4	6	10	15	22	35	54	87	140	220	0.35	0.54	0.87	1.4	2.2	3.5	5.4
120	180	3.5	5	8	12	18	25	40	63	100	160	250	0.4	0.63	1	1.6	2.5	4	6.3
180	250	4.5	7	10	14	20	29	46	72	115	185	290	0.46	0.72	1.15	1.85	2.9	4.6	7.2
250	315	6	8	12	16	23	32	52	81	130	210	320	0.52	0.81	1.3	2.1	3.2	5.2	8.1
315	400	7	9	13	18	25	36	57	89	140	230	360	0.57	0.89	1.4	2.3	3.6	5.7	8.9
400	500	8	10	15	20	27	40	63	97	155	250	400	0.63	0.97	1.55	2.5	4	6.3	9.7
500	630[2]	9	11	16	22	32	44	70	110	175	280	440	0.7	1.1	1.75	2.8	4.4	7	11
630	800[2]	10	13	18	25	36	50	80	125	200	320	500	0.8	1.25	2	3.2	5	8	12.5
800	1 000[2]	11	15	21	28	40	56	90	140	230	360	560	0.9	1.4	2.3	3.6	5.6	9	14
1 000	1 250[2]	13	18	24	33	47	66	105	165	260	420	660	1.05	1.65	2.6	4.2	6.6	10.5	16.5
1 250	1 600[2]	15	21	29	39	55	78	125	195	310	500	780	1.25	1.95	3.1	5	7.8	12.5	19.5
1 600	2 000[2]	18	25	35	46	65	92	150	230	370	600	920	1.5	2.3	3.7	6	9.2	15	23
2 000	2 500[2]	22	30	41	55	78	110	175	280	440	700	1 100	1.75	2.8	4.4	7	11	17.5	28
2 500	3 150[2]	26	36	50	68	96	135	210	330	540	860	1 350	2.1	3.3	5.4	8.6	13.5	21	33

[1] 500 mm以下の基準寸法に対応する公差等級IT01及びIT0の数値は，**表2.2**に示す。
[2] 500 mmを超える基準寸法に対応する公差等級IT1～IT5の数値は，試験的使用のために含める。
[3] 公差等級IT14～IT18は，1 mm以下の基準寸法に対しては使用しない。

表 2.2 IT 01 及び IT 0 の基本公差 (JIS B 0401-1)

基準寸法 mm		公差等級	
		IT01	IT0
を超え	以下	公差 μm	
—	3	0.3	0.5
3	6	0.4	0.6
6	10	0.4	0.6
10	18	0.5	0.8
18	30	0.6	1
30	50	0.6	1
50	80	0.8	1.2
80	120	1	1.5
120	180	1.2	2
180	250	2	3
250	315	2.5	4
315	400	3	5
400	500	4	6

(2) 基本公差の数値の計算

標準化された基本公差の数値は，次の計算によって決まる。

(a) 基準寸法が 500 mm 以下の場合

① IT 1 に対する基本公差の数値は，次の公式から計算する。

$$0.8 + 0.020 D \ (\mu m)$$

ここに，D は基準寸法の区分の，二つの寸法 D_1 と D_2 との幾何平均である。

例えば，基準寸法が 40 mm の場合の D は，表 2.1 の基準寸法の区分 "30 を超え 50 以下" から，

$$D = \sqrt{30 \times 50}$$

よって，次のように公差値が求まる。

$$0.8 + 0.020\sqrt{30 \times 50} = 1.57 \ \rightarrow \ 1.5 \ (\mu m)$$

② IT 2 ～ IT 4 に対する基本公差の計算式はなく，IT 1 と IT 5 に対する基本公差の数値をほぼ等比に分割したものである。

③ IT 5 ～ IT 18 に対する基本公差の数値は，公差単位 (standard tolerance factor) を i とし，

$$i = 0.45\sqrt[3]{D} + 0.001D \ (\mu m)$$

を用い，表 2.3 の関係から計算する。ただし，i は経験的な式である。

これらから，i の変化の様子は，図 2.1 のように表される。

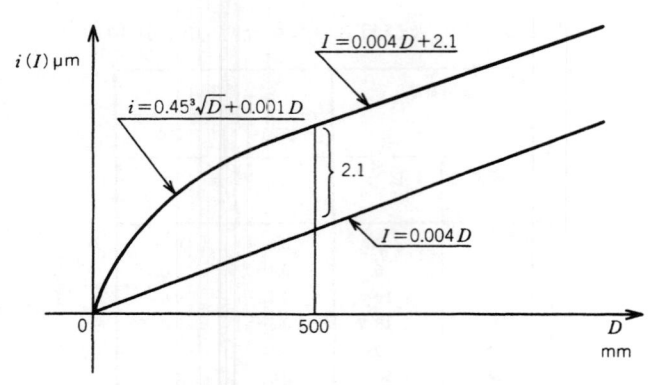

図 2.1 基本公差の変化 (JIS B 0401-1)

グラフ中の式:
- $i = 0.45\sqrt[3]{D} + 0.001D$
- $I = 0.004D + 2.1$
- $I = 0.004D$

表 2.3 基本公差の計算式 (JIS B 0401-1)

基準寸法 mm		公差等級																	
を超え	以下	IT1	IT2	IT3	IT4	IT5	IT6	IT7	IT8	IT9	IT10	IT11	IT12	IT13	IT14	IT15	IT16	IT17	IT18
		基本公差の公式(単位 μm)																	
—	500	*	**	**	**	7i	10i	16i	25i	40i	64i	100i	160i	250i	400i	640i	1 000i	1 600i	2 500i

なお，IT6以上では，基本公差の数値7.5が8に丸められている。基準寸法3を超え6以下のIT6を除くすべてについて，基本公差の数値は5番目の区分ごとに10倍となる（表2.4）。

表 2.4 公差等級の関係

基本寸法の区分 mm		公 差 等 級																
を超え	以下	1	2	3	4	5	6	7	8	9	10	11	12	13	14	15	16	17	18
		基本公差の数値 μm											基本公差の数値 mm						
30	50	1.5	2.5	4	7	11	16	25	39	62	100	160	0.25	0.39	0.62	1.00	1.60	2.50	3.90

IT18を超える基本公差の数値が必要な場合には,外挿法によって求めることができる。例えば,

$$IT19 = IT14 \times 10 = 400i \times 10 = 4000i$$
$$IT20 = IT15 \times 10 = 640i \times 10 = 6400i$$

参考 外挿法は,変数値に対してある変域内において,数値が知られているとき,その変域外での関数値を推定する方法である。補外法ともいう。

(b) 基準寸法が500 mmを超え3150 mm以下の場合 IT1〜IT18に対する基本公差の数値は,公差単位 I を

$$I = 0.004D + 2.1 \ (\mu m)$$

で求め,表2.5の関係から求める。ただし,IT1〜IT5の基本公差に対する式は暫定的なものである。

なお,IT6以上では,(a)の③同様に基本公差の数値は5番目の区分ごとに10倍となる。

また,IT18を超える基本公差の数値が必要な場合には,外挿法によって求めることができる。

表2.5 基本公差の計算式 (JIS B 0401)

基準寸法 mm		公差等級																
		IT1	IT2	IT3	IT4	IT5	IT6	IT7	IT8	IT9	IT10	IT11	IT12	IT13	IT14	IT15	IT16	IT17	IT18
を超え	以下	基本公差の公式(単位 μm)																	
500	3 150	2I	2.7I	3.7I	5I	7I	10I	16I	25I	40I	64I	100I	160I	250I	400I	640I	1 000I	1 600I	2 500I

これらから基準寸法に対する公差単位の関係は,前述の図2.1のように変化する。

(3) 基本公差の計算値の丸め方

IT11以下の基本公差について,計算によって求めた数値は表2.6に従って丸める。しかし,計算値よりも表2.1及び基本公差の数値を優先させる。

なお,IT12以上の基本公差の数値は,丸める必要のないものである。

表 2.6　計算値の丸め方　(JIS B 0401)

丸め値 μm

算出値		基準寸法	
		500 mm以下	500 mmを超え 3 150 mm以下
を超え	以下	～の倍数に四捨五入	
0	60	1	1
60	100	1	2
100	200	5	5
200	500	10	10
500	1 000	—	20
1 000	2 000	—	50
2 000	5 000	—	100
5 000	10 000	—	200
10 000	20 000	—	500
20 000	50 000	—	1 000

2.1.3　公差域の位置

穴に対する公差域の位置 (position of tolerance zone) はAからZCまでの大文字記号で示し，軸の公差域の位置はaからzcまでの小文字記号で示す（図2.2）。ただし，大文字記号I，L，O，Q，W及び小文字記号i，l，o，q，wは，誤読を避けるために使用しない。

　参考　公差域の位置Hの穴やhの軸を，それぞれ略してH穴やh軸のように呼ぶ。

2.1 寸法公差方式

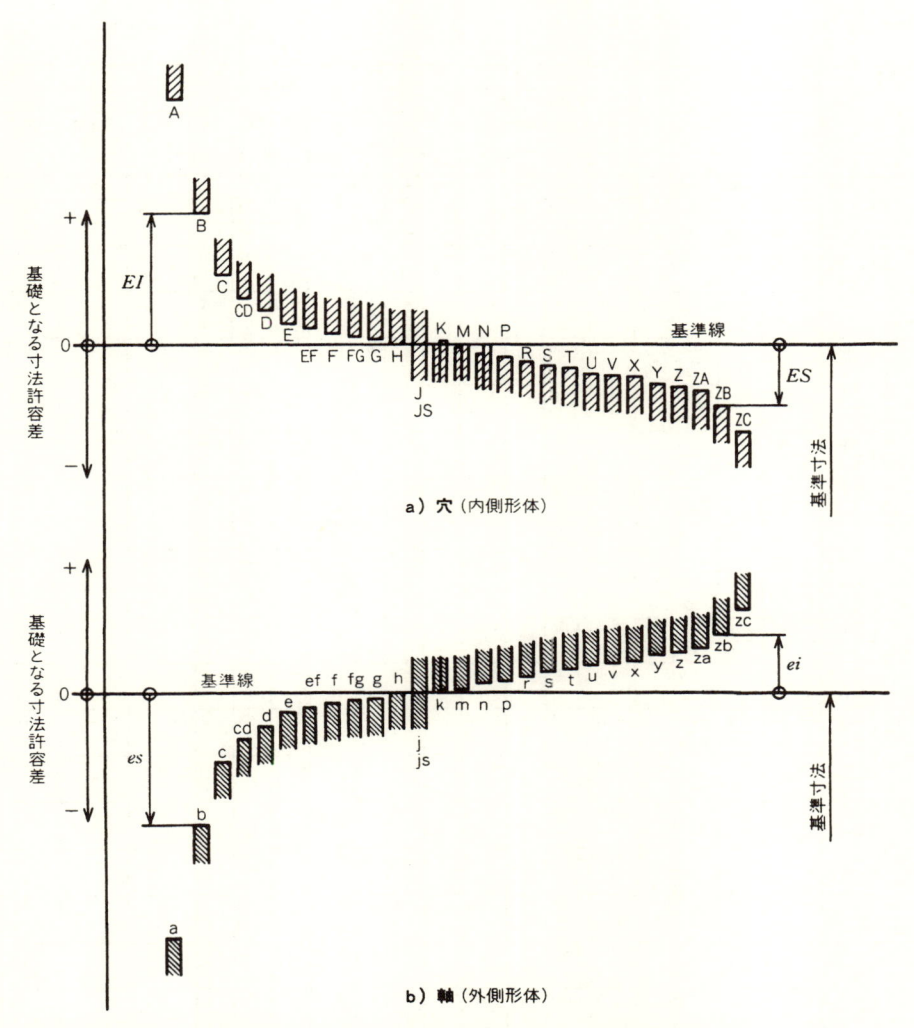

図2.2 公差域の位置 (JIS B 0401-1)

備考1. 慣習的に，基礎となる寸法許容差は，基準線に最も近い寸法許容差を定める。
2. J/j, K/k, M/m及びN/nの基礎となる寸法許容差の詳細については，**図2.5, 2.6**を参照。

2.1.4 基礎となる寸法許容差

(1) 基礎となる寸法許容差の数値

JS穴を除く穴の基礎となる寸法許容差の数値は表2.7に，js軸を除く軸の基礎となる寸法許容差の数値は表2.8による。

JS穴及びjs軸の基礎となる寸法許容差は，基本公差を基準線に対して対称に振り分ける。

表 2.7 穴の基礎となる

基準寸法 mm を超え	以下	下の寸法許容差 EI すべての公差等級 A[1]	B[1]	C	CD	D	E	EF	F	FG	G	H	JS[2]	J IT6	J IT7	J IT8	K[3] IT8以下	K[3] IT8を超える場合	M[3][4] IT8以下	M[3][4] IT8を超える場合
—	3	+270	+140	+60	+34	+20	+14	+10	+6	+4	+2	0		+2	+4	+6	0	0	−2	−2
3	6	+270	+140	+70	+46	+30	+20	+14	+10	+6	+4	0		+5	+6	+10	−1+⊿		−4+⊿	−4
6	10	+280	+150	+80	+56	+40	+25	+18	+13	+8	+5	0		+5	+8	+12	−1+⊿		−6+⊿	−6
10	14	+290	+150	+95		+50	+32		+16		+6	0		+6	+10	+15	−1+⊿		−7+⊿	−7
14	18																			
18	24	+300	+160	+110		+65	+40		+20		+7	0		+8	+12	+20	−2+⊿		−8+⊿	−8
24	30																			
30	40	+310	+170	+120		+80	+50		+25		+9	0		+10	+14	+24	−2+⊿		−9+⊿	−9
40	50	+320	+180	+130																
50	65	+340	+190	+140		+100	+60		+30		+10	0		+13	+18	+28	−2+⊿		−11+⊿	−11
65	80	+360	+200	+150																
80	100	+380	+220	+170		+120	+72		+36		+12	0		+16	+22	+34	−3+⊿		−13+⊿	−13
100	120	+410	+240	+180																
120	140	+460	+260	+200		+145	+85		+43		+14	0		+18	+26	+41	−3+⊿		−15+⊿	−15
140	160	+520	+280	+210																
160	180	+580	+310	+230																
180	200	+660	+340	+240		+170	+100		+50		+15	0		+22	+30	+47	−4+⊿		−17+⊿	−17
200	225	+740	+380	+260																
225	250	+820	+420	+280																
250	280	+920	+480	+300		+190	+110		+56		+17	0		+25	+36	+55	−4+⊿		−20+⊿	−20
280	315	+1050	+540	+330																
315	355	+1200	+600	+360		+210	+125		+62		+18	0		+29	+39	+60	−4+⊿		−21+⊿	−21
355	400	+1350	+680	+400																
400	450	+1500	+760	+440		+230	+135		+68		+20	0		+33	+43	+66	−5+⊿		−23+⊿	−23
450	500	+1650	+840	+480																
500	560					+260	+145		+76		+22	0					0		−26	
560	630																			
630	710					+290	+160		+80		+24	0					0		−30	
710	800																			
800	900					+320	+170		+86		+26	0					0		−34	
900	1000																			
1000	1120					+350	+195		+98		+28	0					0		−40	
1120	1250																			
1250	1400					+390	+220		+110		+30	0					0		−48	
1400	1600																			
1600	1800					+430	+240		+120		+32	0					0		−58	
1800	2000																			
2000	2240					+480	+260		+130		+34	0					0		−68	
2240	2500																			
2500	2800					+520	+290		+145		+38	0					0		−76	
2800	3150																			

JS[2] 欄: 寸法許容差 = ±ITn/2, ここで, nはITの番号

[1] 基礎となる寸法許容差A及びBは，1 mm以下の基準寸法に使用しない．
[2] 公差等級がJS7～JS11の場合，ITの番号nが奇数であるときは，すぐ下の偶数に丸めてもよい．
   したがって，その結果得られる寸法許容差，すなわち，±ITn/2はμmの単位の整数で表すことができる．
[3] IT8以下の公差等級に対応する値K，M及びN，並びにIT8以下の公差等級に対応する寸法許容差P～ZCを
   決定するには，右側の欄から⊿の数値を用いる．
   18～30 mmの範囲のK7は⊿=8 μm，すなわち，ES=−2+8=+6 μmとなる．
   18～30 mmの範囲のS6は⊿=4 μm，すなわち，ES=−35+4=−31 μmとなる．
[4] 特殊な場合：250～315 mmの範囲の公差域クラスM6の場合，ESは（−11 μmの代わりに）−9 μmとなる．
[5] IT8を超える公差等級に対応する基礎となる寸法許容差Nを1 mm以下の基準寸法に使用してはならない．

2.1 寸法公差方式

寸法許容差の数値 (JIS B 0401-1)

単位 μm

許容差の数値														Δの数値					
上の寸法許容差 ES														公差等級					
IT8以下	IT8を超える場合	IT7以下				IT7を超える公差等級													
N[3)5)]	P～ZC[3)]	P	R	S	T	U	V	X	Y	Z	ZA	ZB	ZC	IT3	IT4	IT5	IT6	IT7	IT8
−4	−4	−6	−10	−14		−18		−20		−26	−32	−40	−60	0	0	0	0	0	0
−8+Δ	0	−12	−15	−19		−23		−28		−35	−42	−50	−80	1	1.5	1	3	4	6
−10+Δ	0	−15	−19	−23		−28		−34		−42	−52	−67	−97	1	1.5	2	3	6	7
−12+Δ	0	−18	−23	−28		−33		−40		−50	−64	−90	−130	1	2	3	3	7	9
							−39	−45		−60	−77	−108	−150						
−15+Δ	0	−22	−28	−35		−41	−47	−54	−63	−73	−98	−136	−188	1.5	2	3	4	8	12
					−41	−48	−55	−64	−75	−88	−118	−160	−218						
−17+Δ	0	−26	−34	−43	−48	−60	−68	−80	−94	−112	−148	−200	−274	1.5	3	4	5	9	14
					−54	−70	−81	−97	−114	−136	−180	−242	−325						
−20+Δ	0	−32	−41	−53	−66	−87	−102	−122	−144	−172	−226	−300	−405	2	3	5	6	11	16
			−43	−59	−75	−102	−120	−146	−174	−210	−274	−360	−480						
−23+Δ	0	−37	−51	−71	−91	−124	−146	−178	−214	−258	−335	−445	−585	2	4	5	7	13	19
			−54	−79	−104	−144	−172	−210	−254	−310	−400	−525	−690						
−27+Δ	0	−43	−63	−92	−122	−170	−202	−248	−300	−365	−470	−620	−800	3	4	6	7	15	23
			−65	−100	−134	−190	−228	−280	−340	−415	−535	−700	−900						
			−68	−108	−146	−210	−252	−310	−380	−465	−600	−780	−1000						
−31+Δ	0	−50	−77	−122	−166	−236	−284	−350	−425	−520	−670	−880	−1150	3	4	6	9	17	26
			−80	−130	−180	−258	−310	−385	−470	−575	−740	−960	−1250						
			−84	−140	−196	−284	−340	−425	−520	−640	−820	−1050	−1350						
−34+Δ	0	−56	−94	−158	−218	−315	−385	−475	−590	−710	−920	−1200	−1550	4	4	7	9	20	29
			−98	−170	−240	−350	−425	−525	−650	−790	−1000	−1300	−1700						
−37+Δ	0	−62	−108	−190	−268	−390	−475	−590	−730	−900	−1150	−1500	−1900	4	5	7	11	21	32
			−114	−208	−294	−435	−530	−660	−820	−1000	−1300	−1650	−2100						
−40+Δ	0	−68	−126	−232	−330	−490	−595	−740	−920	−1100	−1450	−1850	−2400	5	5	7	13	23	34
			−132	−252	−360	−540	−660	−820	−1000	−1250	−1600	−2100	−2600						
−44		−78	−150	−280	−400	−600													
			−155	−310	−450	−660													
−50		−88	−175	−340	−500	−740													
			−185	−380	−560	−840													
−56		−100	−210	−430	−620	−940													
			−220	−470	−680	−1050													
−66		−120	−250	−520	−780	−1150													
			−260	−580	−840	−1300													
−78		−140	−300	−640	−960	−1450													
			−330	−720	−1050	−1600													
−92		−170	−370	−820	−1200	−1850													
			−400	−920	−1350	−2000													
−110		−195	−440	−1000	−1500	−2300													
			−460	−1100	−1650	−2500													
−135		−240	−550	−1250	−1900	−2900													
			−580	−1400	−2100	−3200													

(IT7を超える公差等級については、Δを加えた値)

表2.8 軸の基礎となる

基準寸法 mm		上の寸法許容差 es すべての公差等級											IT5及びIT6	IT7	IT8	IT4〜IT7
を超え	以下	a[1]	b[1]	c	cd	d	e	ef	f	fg	g	h	js[2]	j			
—	3[1]	−270	−140	−60	−34	−20	−14	−10	−6	−4	−2	0		−2	−4	−6	0
3	6	−270	−140	−70	−46	−30	−20	−14	−10	−6	−4	0		−2	−4		+1
6	10	−280	−150	−80	−56	−40	−25	−18	−13	−8	−5	0		−2	−5		+1
10	14	−290	−150	−95		−50	−32		−16		−6	0		−3	−6		+1
14	18																
18	24	−300	−160	−110		−65	−40		−20		−7	0		−4	−8		+2
24	30																
30	40	−310	−170	−120		−80	−50		−25		−9	0		−5	−10		+2
40	50	−320	−180	−130													
50	65	−340	−190	−140		−100	−60		−30		−10	0		−7	−12		+2
65	80	−360	−200	−150													
80	100	−380	−220	−170		−120	−72		−36		−12	0		−9	−15		+3
100	120	−410	−240	−180													
120	140	−460	−260	−200		−145	−85		−43		−14	0		−11	−18		+3
140	160	−520	−280	−210													
160	180	−580	−310	−230													
180	200	−660	−340	−240		−170	−100		−50		−15	0		−13	−21		+4
200	225	−740	−380	−260													
225	250	−820	−420	−280													
250	280	−920	−480	−300		−190	−110		−56		−17	0		−16	−26		+4
280	315	−1 050	−540	−330													
315	355	−1 200	−600	−360		−210	−125		−62		−18	0		−18	−28		+4
355	400	−1 350	−680	−400													
400	450	−1 500	−760	−440		−230	−135		−68		−20	0		−20	−32		+5
450	500	−1 650	−840	−480													
500	560					−260	−145		−76		−22	0					0
560	630																
630	710					−290	−160		−80		−24	0					0
710	800																
800	900					−320	−170		−86		−26	0					0
900	1 000																
1 000	1 120					−350	−195		−98		−28	0					0
1 120	1 250																
1 250	1 400					−390	−220		−110		−30	0					0
1 400	1 600																
1 600	1 800					−430	−240		−120		−32	0					0
1 800	2 000																
2 000	2 240					−480	−260		−130		−34	0					0
2 240	2 500																
2 500	2 800					−520	−290		−145		−38	0					0
2 800	3 150																

寸法許容差 = ±ITn/2。ここに，n は IT の番号

[1] 基礎となる寸法許容差a及びbを1 mm未満の基準寸法に使用しない。
[2] 公差等級がjs7〜js11の場合，ITの番号 n が奇数であるときは，すぐ下の偶数に丸めてもよい。
したがって，その結果得られる寸法許容差，すなわち，±ITn/2はµmの単位の整数で表すことができる。

2.1 寸法公差方式

寸法許容差の数値 (JIS B 0401-1)

寸法許容差の数値

IT3以下及びIT7を超える場合	下の寸法許容差 ei すべての公差等級											
k	m	n	p	r	s	t	u	v	x	y	z	za	zb	zc
0	+ 2	+ 4	+ 6	+ 10	+ 14		+ 18		+ 20		+ 26	+ 32	+ 40	+ 60
0	+ 4	+ 8	+ 12	+ 15	+ 19		+ 23		+ 28		+ 35	+ 42	+ 50	+ 80
0	+ 6	+ 10	+ 15	+ 19	+ 23		+ 28		+ 34		+ 42	+ 52	+ 67	+ 97
0	+ 7	+ 12	+ 18	+ 23	+ 28		+ 33		+ 40		+ 50	+ 64	+ 90	+ 130
								+ 39	+ 45		+ 60	+ 77	+ 108	+ 150
0	+ 8	+ 15	+ 22	+ 28	+ 35		+ 41	+ 47	+ 54	+ 63	+ 73	+ 98	+ 136	+ 188
						+ 41	+ 48	+ 55	+ 64	+ 75	+ 88	+ 118	+ 160	+ 218
0	+ 9	+ 17	+ 26	+ 34	+ 43	+ 48	+ 60	+ 68	+ 80	+ 94	+ 112	+ 148	+ 200	+ 274
						+ 54	+ 70	+ 81	+ 97	+ 114	+ 136	+ 180	+ 242	+ 325
0	+11	+ 20	+ 32	+ 41	+ 53	+ 66	+ 87	+102	+122	+ 144	+ 172	+ 226	+ 300	+ 405
				+ 43	+ 59	+ 75	+ 102	+120	+146	+ 174	+ 210	+ 274	+ 360	+ 480
0	+13	+ 23	+ 37	+ 51	+ 71	+ 91	+ 124	+146	+178	+ 214	+ 258	+ 335	+ 445	+ 585
				+ 54	+ 79	+ 104	+ 144	+172	+210	+ 254	+ 310	+ 400	+ 525	+ 690
0	+15	+ 27	+ 43	+ 63	+ 92	+ 122	+ 170	+202	+248	+ 300	+ 365	+ 470	+ 620	+ 800
				+ 65	+ 100	+ 134	+ 190	+228	+280	+ 340	+ 415	+ 535	+ 700	+ 900
				+ 68	+ 108	+ 146	+ 210	+252	+310	+ 380	+ 465	+ 600	+ 780	+1 000
0	+17	+ 31	+ 50	+ 77	+ 122	+ 166	+ 236	+284	+350	+ 425	+ 520	+ 670	+ 880	+1 150
				+ 80	+ 130	+ 180	+ 258	+310	+385	+ 470	+ 575	+ 740	+ 960	+1 250
				+ 84	+ 140	+ 196	+ 284	+340	+425	+ 520	+ 640	+ 820	+1 050	+1 350
0	+20	+ 34	+ 56	+ 94	+ 158	+ 218	+ 315	+385	+475	+ 580	+ 710	+ 920	+1 200	+1 550
				+ 98	+ 170	+ 240	+ 350	+425	+525	+ 650	+ 790	+1 000	+1 300	+1 700
0	+21	+ 37	+ 62	+108	+ 190	+ 268	+ 390	+475	+590	+ 730	+ 900	+1 150	+1 500	+1 900
				+114	+ 208	+ 294	+ 435	+530	+660	+ 820	+1 000	+1 300	+1 650	+2 100
0	+23	+ 40	+ 68	+126	+ 232	+ 330	+ 490	+595	+740	+ 920	+1 100	+1 450	+1 850	+2 400
				+132	+ 252	+ 360	+ 540	+660	+820	+1 000	+1 250	+1 600	+2 100	+2 600
0	+26	+ 44	+ 78	+150	+ 280	+ 400	+ 600							
				+155	+ 310	+ 450	+ 660							
0	+30	+ 50	+ 88	+175	+ 340	+ 500	+ 740							
				+185	+ 380	+ 560	+ 840							
0	+34	+ 56	+100	+210	+ 430	+ 620	+ 940							
				+220	+ 470	+ 680	+1 050							
0	+40	+ 66	+120	+250	+ 520	+ 780	+1 150							
				+260	+ 580	+ 840	+1 300							
0	+48	+ 78	+140	+300	+ 640	+ 960	+1 450							
				+330	+ 720	+1 050	+1 600							
0	+58	+ 92	+170	+370	+ 820	+1 200	+1 850							
				+400	+ 920	+1 350	+2 000							
0	+68	+110	+195	+440	+1 000	+1 500	+2 300							
				+460	+1 100	+1 650	+2 500							
0	+76	+135	+240	+550	+1 250	+1 900	+2 900							
				+580	+1 400	+2 100	+3 200							

(2) 基礎となる寸法許容差の数値の計算

(a) 穴の場合 穴の基礎となる寸法許容差は，表2.9の式を用いて求める．計算される数値は，μm の単位である．

なお，基準寸法 500 mm 以下の IT 4 〜 IT 7 の K 穴及び k 軸の基礎となる寸法許容差は $0.6\sqrt[3]{D}$ で計算されるが，その他の K 穴及び k 軸の基礎となる寸法許容差は 0 である．

表2.9 穴の基礎となる寸法許容差の計算式 (JIS B 0401-1)

基準寸法 mm を超え	以下	軸 基礎となる寸法許容差	符号（負又は正）	名称	公式[1] ここに、Dはミリメートル単位の基準寸法の幾何平均である。	穴 名称	符号（負又は正）	基礎となる寸法許容差	基準寸法 mm を超え	以下
1	120	a	−	es	$265 + 1.3D$	EI	+	A	1	120
120	500				$3.5D$				120	500
1	160	b	−	es	$\approx 140 + 0.85D$	EI	+	B	1	160
160	500				$\approx 1.8D$				160	500
0	40	c	−	es	$52D^{0.2}$	EI	+	C	0	40
40	500				$95 + 0.8D$				40	500
0	10	cd	−	es	C, c, 及びD, dの値の幾何平均	EI	+	CD	0	10
0	3 150	d	−	es	$16D^{0.44}$	EI	+	D	0	3 150
0	3 150	e	−	es	$11D^{0.41}$	EI	+	E	0	3 150
0	10	ef	−	es	E, e, 及びF, fの値の幾何平均	EI	+	EF	0	10
0	3 150	f	−	es	$5.5D^{0.41}$	EI	+	F	0	3 150
0	10	fg	−	es	F, f, 及びG, gの値の幾何平均	EI	+	FG	0	10
0	3 150	g	−	es	$2.5D^{0.34}$	EI	+	G	0	3 150
0	3 150	h	無符号	es	寸法許容差=0	EI	無符号	H	0	3 150
0	500	j			公式なし[2]			J	0	500
0	3 150	js	+ −	es ei	$0.5ITn$	EI ES	+	JS	0	3 150
0	500[3]	k	+	ei	$0.6\sqrt[3]{D}$	ES	−	K[4]	0	500[5]
500	3 150		無符号		寸法許容差=0		無符号		500	3 150
0	500	m	+	ei	IT7−IT6	ES	−	M[4]	0	500
500	3 150				$0.024D + 12.6$				500	3 150
0	500	n	+	ei	$5D^{0.34}$	ES	−	N[4]	0	500
500	3 150				$0.04D + 21$				500	3 150
0	500	p	+	ei	IT7+0〜5	ES	−	P[4]	0	500
500	3 150				$0.072D + 37.8$				500	3 150
0	3 150	r	+	ei	P, p, 及びS, sの値の幾何平均	ES	−	R[4]	0	3 150
0	50	s	+	ei	IT8+1〜4	ES	−	S[4]	0	50
50	3 150				$IT7 + 0.4D$				50	3 150
24	3 150	t	+	ei	$IT7 + 0.63D$	ES	−	T[4]	24	3 150
0	3 150	u	+	ei	$IT7 + D$	ES	−	U[4]	0	3 150
14	500	v	+	ei	$IT7 + 1.25D$	ES	−	V[4]	14	500
0	500	x	+	ei	$IT7 + 1.6D$	ES	−	X[4]	0	500
18	500	y	+	ei	$IT7 + 2D$	ES	−	Y[4]	18	500
0	500	z	+	ei	$IT7 + 2.5D$	ES	−	Z[4]	0	500
0	500	za	+	ei	$IT8 + 3.15D$	ES	−	ZA[4]	0	500
0	500	zb	+	ei	$IT9 + 4D$	ES	−	ZB[4]	0	500
0	500	zc	+	ei	$IT10 + 5D$	ES	−	ZC[4]	0	500

[1] 基礎となる寸法許容差（すなわち、公式から得られた結果）は、μmの単位。
[2] 数値は、表2.7及び表2.8だけに掲載する。
[3] 公式は、等級IT4〜IT7だけに適用される。その他すべての基準寸法及びその他すべてのIT公差の基礎となる寸法許容差kは、零である。
[4] 特別規則を適用する。
[5] 公式は、等級IT8だけに適用される。その他すべての基準寸法及びその他すべてのIT公差に該当する基礎となる寸法許容差Kは、零である。

2.1 寸法公差方式

F穴とf軸のように，同一の公差域の位置の記号をもつ穴と軸の，基礎となる寸法許容差の基準線に対する位置は一般的には対称であるが，次の例外がある。

① N穴の3mmを超える基準寸法のIT9～IT16の基礎となる寸法許容差は，0である（図2.3）。

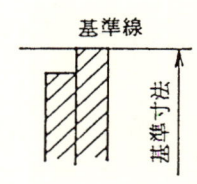

図2.3 N穴の基礎となる寸法許容差

② 3mmを超え，500mm以下の基準寸法のJ穴の基礎となる寸法許容差は，その穴より1級上のj軸の基礎となる寸法許容差の負記号を正記号に変えた数値に表2.8の$\varDelta$の値を加える。例えば，40mm，J7穴の基礎となる寸法許容差は，j8軸の基礎となる寸法許容差が±39/2μmから+19μmとなるので，これに$\varDelta$ = 9μmを加えると28μmとなり，H/2 = +28/2 = +14μmと計算される。

③ 3mmを超え500mm以下の基準寸法で，H8及びそれより上級のK，H，N穴と，IT7及びそれより上級のP～ZC穴の基礎となる寸法許容差の数値は，これらと同じ公差域の位置の記号（ただし，小文字記号）に対する軸の基礎となる寸法許容差の正記号を負記号に変えた数値に表2.7の$\varDelta$の値を加える。例えば，40mm，K7穴の基礎となる寸法許容差は，K7の基礎となる寸法許容差+2μmを-2μmと変え，$\varDelta$が9μmであるから，$-2 + \varDelta = -2 + 9 = 7$μmと計算される。

なお，上記の②及び③はH7/P6をP7/h6のように，ある公差等級の穴がそれより一級上の軸とはめ合わされる穴基準はめあいに変えるとき，正確に正しい"しめしろ"又は"すきま"を得ることができるようにするためである（図2.4）。

(b) 軸の場合 軸の基礎となる寸法許容差は，表2.9の式を用いて求める。単位は，μmである。

(3) 数値の丸め方

(a) 丸め方 穴及び軸の基礎となる寸法許容差の計算値の丸め方は，表2.10による。

(b) 例外事項 基礎となる寸法許容差，上・下の寸法許容差の数値は計算によって求められるが，計算の際に注意すべき例外事項は次のとおりである。

① 例外1：A，B穴及びa，b軸は，1mm以下の基準寸法には使用しない。
② 例外2：j8軸は，3mmを超える基準寸法には使用しない（表2.8参照）。
③ 例外3：公差等級IT9より上級のK穴は，3mmを超える基準寸法には使用しない（表2.7参照）。

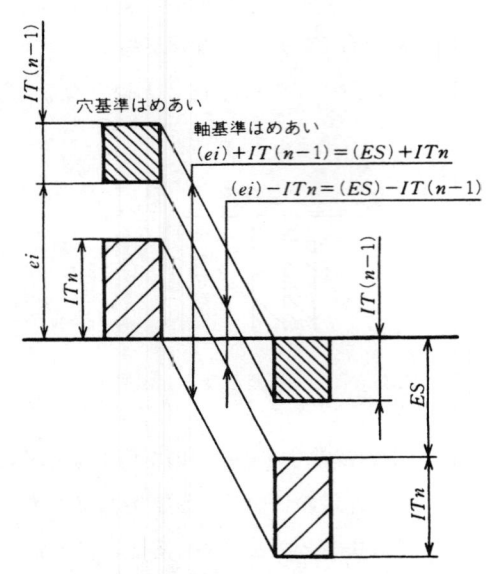

図2.4 穴と軸の組合せ (JIS B 0401-1)

表2.10 基礎となる寸法許容差の計算値の丸め方 (JIS B 0401-1)

単位 μm

計算値 μm		基準寸法		
		500 mm以下		500 mmを超え, 3 150 mm以下
		基礎となる寸法許容差		
		a〜g A〜G	k〜zc K〜ZC	d〜u D〜U
を超え	以下	〜の倍数に四捨五入		
5	45	1	1	1
45	60	2	1	1
60	100	5	1	2
100	200	5	2	5
200	300	10	2	10
300	500	10	5	10
500	560	10	5	20
560	600	20	5	20
600	800	20	10	20
800	1 000	20	20	20
1 000	2 000	50	50	50
2 000	5 000		100	100
…	…			…
$20 \times 10n$	$50 \times 10n$			$1 \times 10n$
$50 \times 10n$	$100 \times 10n$			$2 \times 10n$
$100 \times 10n$	$200 \times 10n$			$5 \times 10n$

④　例外4：T穴及びt軸は24mm以下の，V穴及びv軸は14mm以下の，Y穴及びy軸は18mm以下の基準寸法には使用しない（表2.7及び表2.8参照）。

⑤　例外5：公差等級IT14〜IT18は，1mm以下の基準寸法には使用しない。

⑥　例外6：公差等級IT9より上級のN穴は，1mm以下の基準寸法には使用しない。

2.1.5　寸法許容差の求め方
（1）穴の場合

JS穴を除く穴の上の寸法許容差ESと下の寸法許容差EIは，図2.5に示すように基礎となる寸法許容差と基本公差ITから定まる。すなわち，

$$ES = EI + IT, \quad EI = ES - IT$$

例えば，40mm, H7の場合，表2.7からEIは0μm，表2.1からIT7は25μmであるから，

　　上の寸法許容差　$ES = 0 + 0.025 = 0.025$ mm

　　下の寸法許容差　$EI = 0$ mm

となる。

図 2.5　穴の寸法許容差（JIS B 0401-1）

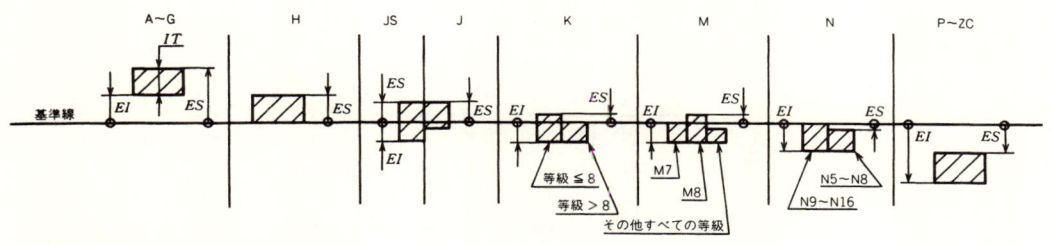

備考　$ES = EI + IT$，又は$EI = ES - IT$

（2）軸の場合

js軸を除く軸の上の寸法許容差esと下の寸法許容差eiは，図2.6に示すように基礎となる寸法許容差と基本公差ITから定まる。すなわち，

$$es = ei + IT, \quad ei = es - IT$$

例えば，40mm, h7の場合，表2.8からesは0，表2.1からIT7は25μmであるから，

　　上の寸法許容差 $es = 0$ mm

　　下の寸法許容差 $ei = 0 - 0.025 = -0.025$ mm

となる。

図 2.6　軸の寸法許容差　(JIS B 0401-1)

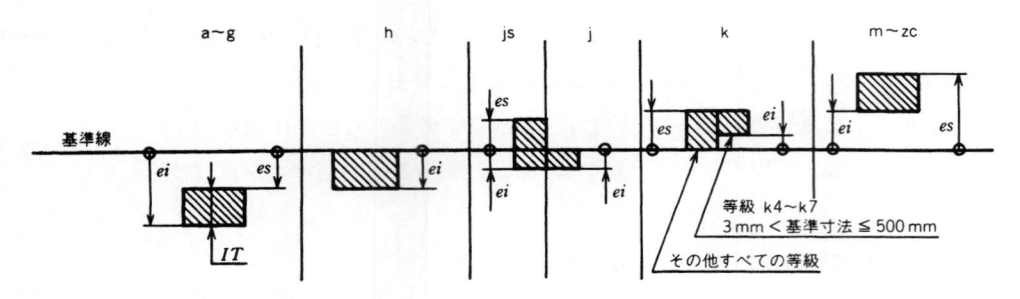

備考　$ei = es - IT$，又は $es = ei + IT$

(3) JS 穴の場合

$$ES = EI = IT/2 \quad (図 2.7 参照)$$

例えば，60 mm，JS7 の場合，表 2.1 から IT 7 は 30 μm であるから，

　　上の寸法許容差 $ES = 0.030/2 = 0.015$ mm

　　下の寸法許容差 $EI = -0.030/2 = -0.015$ mm

となる。

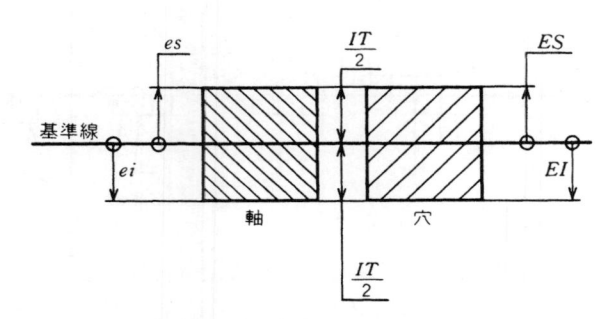

図 2.7　JS 穴及び js 軸　(JIS B 0401)

(4) js 軸の場合

$$es = ei = IT/2 \quad (図 2.7 参照)$$

例えば，60 mm，JS 7 の場合，表 2.1 から IT 7 は 30 μm であるから，

　　上の寸法許容差 $es = 0.030/2 = 0.015$ mm

　　下の寸法許容差 $ei = -0.030/2 = -0.015$ mm

となる。

2.1.6 公差域クラス

公差域の位置と公差等級との組み合わせたものを公差域クラス（tolerance class）といい（JIS B 0401-1），公差域の位置の記号に公差等級を表す数字を続けて表示する。例えば，H 穴の IT 7 の場合には，H7 のように表示する。この公差域クラスを単に寸法公差記号ということができる。

公差域クラス（又は寸法公差記号）の図面への表示は，基準寸法に続けて表示する。

　例：ϕ 32 H7

なお，包絡の条件を要求するときは，記号 Ⓔ を公差或クラスに続けて表示する。

　例：ϕ 32 H7 Ⓔ

テレックスなどの限られた文字数の装置で通信する場合には，穴と軸を区別するために，穴に対しては H 又は h を，軸に対しては S 又は s を基準寸法の前に付ける。

　例：32 H7 → H32 H7 又は h32 h7
　　　100 g6 → S100 G6 又は s100 g6

2.2 はめあい方式

2.2.1 はめあい

穴・軸の，組み合わせる前の寸法の差から生じる関係をはめあい（fit）という（JIS B 0401-1）。穴と軸の寸法の差から生じる関係には，すきまばめ，しまりばめ及び中間ばめの三つがある。

(1) すきまばめ

穴の寸法が軸の寸法よりも大きいときの，穴と軸との寸法の差をすきま（clearance）といい（JIS B 0401-1）（図 2.8），穴と軸の寸法が変動する両限界に最小すきま（minimum clearance）と最大すきま（maximum clearance）（図 2.9）が生じる。

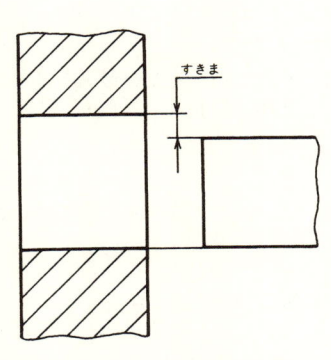

図 2.8 すきま（JIS B 0401-1） 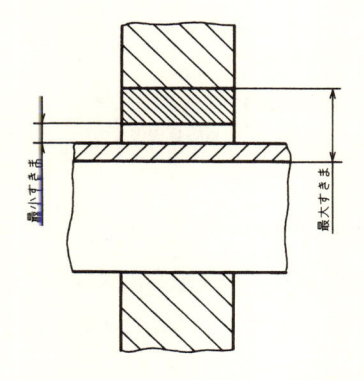　　**図 2.9** 最小すきま及び最大すきま（JIS B 0401-1）

穴と軸を組み合わせたとき，常にすきまができるはめあいがすきまばめ（clearance fit）であり，すきまばめの公差域の関係は図2.10のようになる。

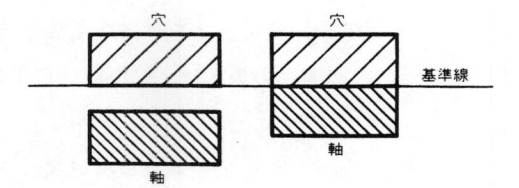

図2.10 すきまばめの公差域（JIS B 0401-1）

なお，この最大すきまは，(3)で述べる中間ばめのときにも生じることもある。また，すきまばめは，JISの改正によって穴と軸のすきまがゼロの場合を含めた。すなわち，H7/h7やH8/h8のようなはめあいのときである。

(2) しまりばめ

穴の寸法が軸の寸法よりも小さいときの，組み合わせる前の穴と軸との寸法との差をしめしろ（interference）という（JIS B 0401-1）（図2.11）。穴と軸の寸法が変動する両限界に，最小しめしろ（minimum interference）と最大しめしろ（maximum interference）が生じる（図2.12）。

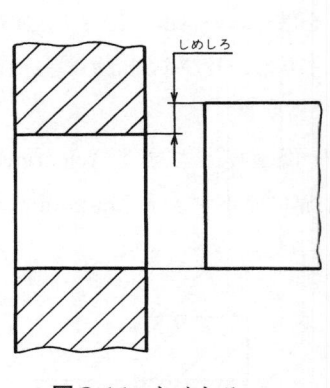

図2.11 しめしろ
（JIS B 0401-1）

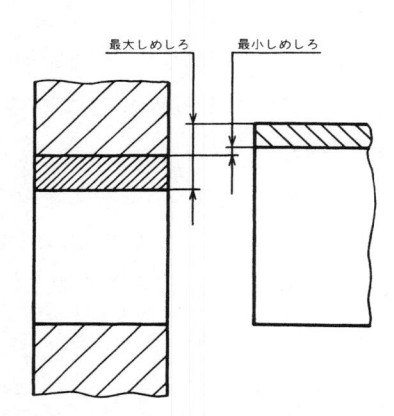

図2.12 最小しめしろ及び最大しめしろ
（JIS B 0401-1）

穴と軸を組み合わせたとき，常にしめしろができるはめあいをしまりばめ（interference fit）といい，しまりばめの公差域の関係は図2.13のようになる。

なお，最大しめしろは，中間ばめのときにも生じることがある（図2.15参照）。

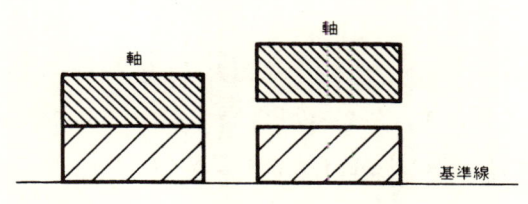

図 2.13 しまりばめの公差域 (JIS B 0401-1)

(3) 中間ばめ

穴と軸を組み合わせたとき，穴・軸の実寸法によってすきま又はしめしろのどちらかができるはめあいを中間ばめ (transition fit) という (JIS B 0401-1)（図 2.14）。これは，穴・軸の公差域が完全に又は部分的に重なり合う（図 2.15）。

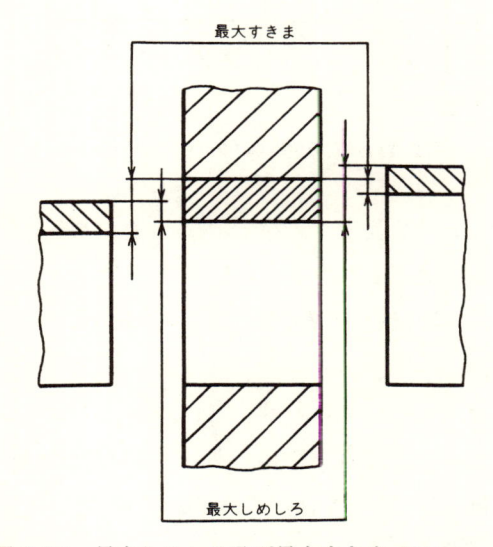

図 2.14 最大しめしろ及び最大すきま (JIS B 0401-1)

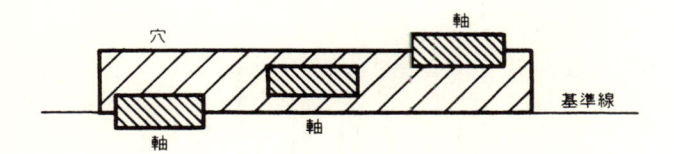

図 2.15 中間ばめの公差域 (JIS B 0401-1)

2.2.2 はめあい方式

(1) はめあい方式

ある寸法公差方式に属する穴・軸によって構成されるはめあいの方式がはめあい方式 (fits system) である (JIS B 0401-1)。

(2) 穴基準はめあい

種々の公差域クラスの軸と一つの公差域クラスの穴とを組み合わせることによって，必要なすきま又はしめしろを与えるはめあい方式を穴基準はめあい（hole-basis system of fits）という（図 2.16）。JIS 及び ISO では，穴の最小許容寸法が基準寸法に等しい。すなわち，穴の下の寸法許容差がゼロであるはめあい方式をいう。

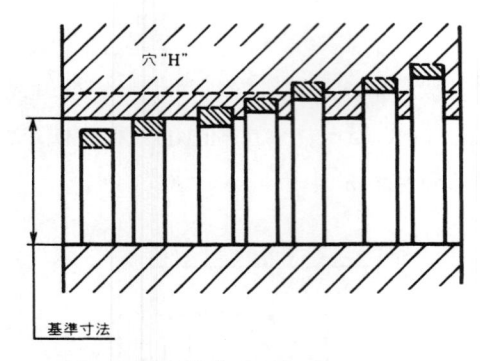

図 2.16 穴基準はめあい （JIS B 0401-1）

この公差域クラスの穴に種々の公差域クラスの軸を組み合わせることによって必要なすきま又はしめしろを与えるはめあい方式である。

ISO 及び JIS は，穴の最小許容寸法が基準寸法に等しいはめあいの方式である。

(3) 軸基準はめあい

種々の公差域クラスの穴と一つの公差域クラスの軸を組み合わせることによって必要なすきま又はしめしろを与えるはめあい方式を軸基準はめあい（shaft-basis system of fits）という（図 2.17）。JIS 及び ISO では，軸の最大許容寸法が基準寸法に等しい。すなわち，軸の上の寸法許容差がゼロであるはめあい方式をいう。

この公差域クラスの軸に種々の公差域クラスの穴を組み合わせることによって必要なすきま又はしめしろを与えるはめあい方式である。

ISO 及び JIS は，軸の最大許容寸法が基準寸法に等しいはめあいの方式を採用している。

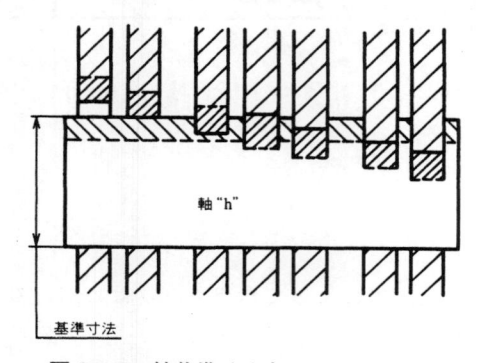

図 2.17 軸基準はめあい （JIS B 0401-1）

(4) 常用するはめあい

常用するはめあいは，穴基準はめあいと軸基準はめあいとがある。JIS B 0401-1 では，H 穴を基準穴としてこれに適当な軸を選ぶ穴基準はめあい，h 軸を基準軸としてこれに適当な穴を選ぶ軸基準はめあいが規定されている。

基準寸法 500 mm 以下の常用するはめあいに用いる穴・軸の組合せは，表 2.11 及び表 2.12 のとおりである。

常用するはめあいで用いる穴の寸法許容差を表 2.13 に，軸の寸法許容差を表 2.14 に示す。

表 2.11 常用する穴基準はめあい (JIS B 0401-1)

基準軸	穴の公差域クラス																	
	すきまばめ								中間ばめ				しまりばめ						
	B	C	D	E	F	G	H	JS	K	M	N	P	R	S	T	U	X
h5							H6	JS6	K6	M6	N6*	P6					
h6					F6	G6	H6	JS6	K6	M6	N6	P6*					
					F7	G7	H7	JS7	K7	M7	N7	P7*	R7	S7	T7	U7	X7
h7				E7	F7		H7										
					F8		H8										
h8			D8	E8	F8		H8										
			D9	E9			H9										
h9			D8	E8			H8										
		C9	D9	E9			H9										
	B10	C10	D10														

*これらのはめあいは，寸法の区別によっては例外を生じる。

表 2.12 常用する軸基準はめあい (JIS B 0401-1)

基準穴	軸の公差域クラス																	
	すきまばめ								中間ばめ				しまりばめ						
	b	c	d	e	f	g	h	js	k	m	n	p	r	s	t	u	x
H6						g5	h5	js5	k5	m5							
					f6	g6	h6	js6	k6	m6	n6*	p6*					
H7					f6	g6	h6	js6	k6	m6	n6	p6*	r6*	s6	t6	u6	x6
				e7	f7		h7	js7									
H8					f7		h7										
				e8	f8		h8										
			d9	e9													
H9			d8	e8			h8										
		c9	d9	e9			h9										
H10	b9	c9	d9														

*これらのはめあいは，寸法の区分によっては例外を生じる。

表 2.13 常用するはめあいで用いる

基準寸法の区分 (mm)		\\ 穴 の 公 差 域												
を超え	以下	B 10	C 9	C 10	D 8	D 9	D 10	E 7	E 8	E 9	F 6	F 7	F 8	G 6	G 7
−	3	+180 +140	+85 +60	+100 +60	+34 +20	+45 +20	+60 +20	+24 +14	+28 +14	+39 +14	+12 +6	+16 +6	+20 +6	+8 +2	+12 +2
3	6	+188 +140	+100 +70	+118 +70	+48 +30	+60 +30	+78 +30	+32 +20	+38 +20	+50 +20	+18 +10	+22 +10	+28 +10	+12 +4	+16 +4
6	10	+208 +150	+116 +80	+138 +80	+62 +40	+76 +40	+98 +40	+40 +25	+47 +25	+61 +25	+22 +13	+28 +13	+35 +13	+14 +5	+20 +5
10	14	+220 +150	+138 +95	+165 +95	+77 +50	+93 +50	+120 +50	+50 +32	+59 +32	+75 +32	+27 +16	+34 +16	+43 +16	+17 +6	+24 +6
14	18														
18	24	+244 +160	+162 +110	+194 +110	+98 +65	+117 +65	+149 +65	+61 +40	+73 +40	+92 +40	+33 +20	+41 +20	+53 +20	+20 +7	+28 +7
24	30														
30	40	+270 +170	+182 +120	+220 +120	+119 +80	+142 +80	+180 +80	+75 +50	+89 +50	+112 +50	+41 +25	+50 +25	+64 +25	+25 +9	+34 +9
40	50	+280 +180	+192 +130	+230 +130											
50	65	+310 +190	+214 +140	+260 +140	+146 +100	+174 +100	+220 +100	+90 +60	+106 +60	+134 +60	+49 +30	+60 +30	+76 +30	+29 +10	+40 +10
65	80	+320 +200	+224 +150	+270 +150											
80	100	+360 +220	+257 +170	+310 +170	+174 +120	+207 +120	+260 +120	+107 +72	+126 +72	+159 +72	+58 +36	+71 +36	+90 +36	+34 +12	+47 +12
100	120	+380 +240	+267 +180	+320 +180											
120	140	+420 +260	+300 +200	+360 +200	+208 +145	+245 +145	+305 +145	+125 +85	+148 +85	+185 +85	+68 +43	+83 +43	+106 +43	+39 +14	+54 +14
140	160	+440 +280	+310 +210	+370 +210											
160	180	+470 +310	+330 +230	+390 +230											
180	200	+525 +340	+355 +240	+425 +240	+242 +170	+285 +170	+355 +170	+146 +100	+172 +100	+215 +100	+79 +50	+96 +50	+122 +50	+44 +15	+61 +15
200	225	+565 +380	+375 +260	+445 +260											
225	250	+605 +420	+395 +280	+465 +280											
250	280	+690 +480	+430 +300	+510 +300	+271 +190	+320 +190	+400 +190	+162 +110	+191 +110	+240 +110	+88 +56	+108 +56	+137 +56	+49 +17	+69 +17
280	315	+750 +540	+460 +330	+540 +330											
315	355	+830 +600	+500 +360	+590 +360	+299 +210	+350 +210	+440 +210	+182 +125	+214 +125	+265 +125	+98 +62	+119 +62	+151 +62	+54 +18	+75 +18
355	400	+910 +680	+540 +400	+630 +400											
400	450	+1 010 +760	+595 +440	+690 +440	+327 +230	+385 +230	+480 +230	+198 +135	+232 +135	+290 +135	+108 +68	+131 +68	+165 +68	+60 +20	+83 +20
450	500	+1 090 +840	+635 +480	+730 +480											

備 考 表中の各段で，上側の数字は上の寸法許容差，下側の数値は下の寸法許容差を示す。

穴の寸法許容差 (JIS B 0401 : 1986)

クラス

H6	H7	H8	H9	H10	JS6	JS7	K6	K7	M6	M7	N6	N7	P6	P7	R7	S7	T7	U7	X7
+16 0	+10 0	+14 0	+25 0	+40 0	±3	±5	0 -6	0 -10	-2 -8	-2 -12	-4 -10	-4 -14	-6 -12	-6 -16	-10 -20	-14 -24	—	-18 -28	-20 -30
+8 0	+12 0	+18 0	+30 0	+48 0	±4	±6	+2 -6	+3 -9	-1 -9	0 -12	-5 -13	-4 -16	-9 -17	-8 -20	-11 -23	-15 -27	—	-19 -31	-24 -36
+9 0	+15 0	+22 0	+36 0	+58 0	±4.5	±7	+2 -7	+5 -10	-3 -12	0 -15	-7 -16	-4 -19	-12 -21	-9 -24	-13 -28	-17 -32	—	-22 -37	-33 -43
+11 0	+18 0	+27 0	+43 0	+70 0	±5.5	±9	+2 -9	+6 -12	-4 -15	0 -18	-9 -20	-5 -23	-15 -26	-11 -29	-16 -34	-21 -39	—	-26 -44	-33 -51 -38 -56
+13 0	+21 0	+33 0	+52 0	+84 0	±6.5	±10	+2 -11	+6 -15	-4 -17	0 -21	-11 -24	-7 -28	-18 -31	-14 -35	-20 -41	-27 -48	-33 -54	-33 -54 -40 -61	-46 -67 -56 -77
+16 0	+25 0	+39 0	+62 0	+100 0	±8	±12	+3 -13	+7 -18	-4 -20	0 -25	-12 -28	-8 -33	-21 -37	-17 -42	-25 -50	-34 -59	-39 -64 -45 -70	-51 -76 -61 -86	—
+19 0	+30 0	+46 0	+74 0	+120 0	±9.5	±15	+4 -15	+9 -21	-5 -24	0 -30	-14 -33	-9 -39	-26 -45	-21 -51	-30 -60 -32 -62	-42 -72 -48 -78	-55 -85 -64 -94	-76 -106 -91 -121	—
+22 0	+35 0	+54 0	+87 0	+140 0	±11	±17	+4 -18	+10 -25	-6 -28	0 -35	-16 -38	-10 -45	-30 -52	-24 -59	-38 -73 -41 -76	-58 -93 -66 -101	-78 -113 -91 -126	-111 -146 -131 -166	
+25 0	+40 0	+63 0	+100 0	+160 0	±12.5	±20	+4 -21	+12 -28	-8 -33	0 -40	-20 -45	-12 -52	-36 -61	-28 -68	-48 -88 -50 -90 -53 -93	-77 -117 -85 -125 -93 -133	-107 -147 -119 -159 -131 -171	—	
+29 0	+46 0	+72 0	+115 0	+185 0	±14.5	±23	+5 -24	+13 -33	-8 -37	0 -46	-22 -51	-14 -60	-41 -70	-33 -79	-60 -106 -63 -109 -67 -113	-105 -151 -113 -159 -123 -169		—	—
+32 0	+52 0	+81 0	+130 0	+210 0	±16	±26	+5 -27	+16 -36	-9 -41	0 -52	-25 -57	-14 -66	-47 -79	-33 -88	-74 -126 -78 -130			—	
+36 0	+57 0	+89 0	+140 0	+230 0	±18	±28	+7 -29	+17 -40	-10 -46	0 -57	-26 -62	-16 -73	-51 -87	-41 -98	-87 -144 -93 -150			—	
+40 0	+63 0	+97 0	+155 0	+250 0	±20	±31	+8 -32	+18 -45	-10 -50	0 -63	-27 -67	-17 -80	-55 -95	-45 -108	-103 -166 -109 -172			—	

2. 寸法公差及びはめあいの方式

表 2.14 常用するはめあいで用いる

基準寸法の区分 (mm) を超え	以下	b9	c9	d8	d9	e7	e8	e9	f6	f7	f8	g5	g6	h5	h6	h7
−	3	−140 −165	−60 −85	−20 −34	−20 −45	−14 −24	−14 −28	−14 −39	−6 −12	−6 −16	−6 −20	−2 −6	−2 −8	0 −4	0 −6	0 −10
3	6	−140 −170	−70 −100	−30 −48	−30 −60	−20 −32	−20 −38	−20 −50	−10 −18	−10 −22	−10 −28	−4 −9	−4 −12	0 −5	0 −8	0 −12
6	10	−150 −186	−80 −116	−40 −62	−40 −76	−25 −40	−25 −47	−25 −61	−13 −22	−13 −28	−13 −35	−5 −11	−5 −14	0 −6	0 −9	0 −15
10	14	−150 −193	−95 −138	−50 −77	−50 −93	−32 −50	−32 −59	−32 −75	−16 −27	−16 −34	−16 −43	−5 −14	−6 −17	0 −8	0 −11	0 −18
14	18															
18	24	−160 −212	−110 −162	−65 −98	−65 −117	−40 −61	−40 −73	−40 −92	−20 −33	−20 −41	−20 −53	−7 −16	−7 −20	0 −9	0 −13	0 −21
24	30															
30	40	−170 −232	−120 −182	−80 −119	−80 −142	−50 −75	−50 −89	−50 −112	−25 −41	−25 −50	−25 −64	−9 −20	−9 −25	0 −11	0 −16	0 −25
40	50	−180 −242	−130 −192													
50	65	−190 −264	−140 −214	−100 −146	−100 −174	−60 −90	−60 −106	−60 −134	−30 −49	−30 −60	−30 −76	−10 −23	−10 −29	0 −13	0 −19	0 −30
65	80	−200 −274	−150 −224													
80	100	−220 −307	−170 −257	−120 −174	−120 −207	−72 −107	−72 −126	−72 −159	−36 −58	−36 −71	−36 −90	−12 −27	−12 −34	0 −15	0 −22	0 −35
100	120	−240 −327	−180 −267													
120	140	−260 −360	−200 −300	−145 −208	−145 −245	−85 −125	−85 −148	−85 −185	−43 −68	−43 −83	−43 −106	−14 −32	−14 −39	0 −18	0 −25	0 −40
140	160	−280 −380	−210 −310													
160	180	−310 −410	−230 −330													
180	200	−340 −455	−240 −355	−170 −242	−170 −285	−100 −146	−100 −172	−100 −215	−50 −79	−50 −96	−50 −122	−15 −35	−15 −44	0 −20	0 −29	0 −46
200	225	−380 −495	−260 −375													
225	250	−420 −535	−280 −395													
250	280	−480 −610	−300 −430	−190 −271	−190 −320	−110 −162	−110 −191	−110 −240	−56 −88	−56 −108	−56 −137	−17 −40	−17 −49	0 −23	0 −32	0 −52
280	315	−540 −670	−330 −460													
315	355	−600 −740	−360 −540	−210 −299	−210 −350	−125 −182	−125 −214	−125 −265	−62 −98	−62 −119	−62 −151	−18 −43	−18 −54	0 −25	0 −36	0 −57
355	400	−680 −820	−400 −540													
400	450	−760 −915	−440 −595	−230 −327	−230 −385	−135 −198	−135 −232	−135 −290	−68 −108	−68 −131	−68 −165	−20 −47	−20 −60	0 −27	0 −40	0 −63
450	500	−840 −995	−480 −635													

備　考　表中の各段で，上側の数字は上の寸法許容差，下側の数値は下の寸法許容差を示す。

2.2 はめあい方式

軸の寸法許容差 (JIS B 0401:1986)

クラス	h 8	h 9	js 5	js 6	js 7	k 5	k 6	m 5	m 6	n 6	p 6	r 6	s 6	t 6	u 6	x 6
	0 −14	0 −25	±2	±3	±5	+4 0	+6 0	+6 +2	+8 +2	+10 +4	+12 +6	+16 +10	+20 +14	−	+24 +18	+26 +20
	0 −18	0 −30	±2.5	±4	±6	+6 +1	+9 +1	+9 +4	+12 +4	+16 +8	+20 +12	+23 +15	+27 +19	−	+31 +23	+36 +28
	0 −22	0 −36	±3	±4.5	±7	+7 +1	+10 +1	+12 +6	+15 +6	+19 +10	+24 +15	+28 +19	+32 +23	−	+37 +28	+43 +34
	0 −27	0 −43	±4	±5.5	±9	+9 +1	+12 +1	+15 +7	+18 +7	+23 +12	+29 +18	+34 +23	+39 +28	−	+44 +33	+51 +40 +56 +45
	0 −33	0 −52	±4.5	±6.5	±10	+11 +2	+15 +2	+17 +8	+21 +8	+28 +15	+35 +22	+41 +28	+48 +35	− +54 +41	+54 +41 +61 +48	+67 +54 +77 +64
	0 −39	0 −62	±5.5	±8	±12	+13 +2	+18 +2	+20 +9	+25 +9	+33 +17	+42 +26	+50 +34	+59 +43	+64 +48 +70 +54	+76 +60 +86 +70	−
	0 −46	0 −74	±6.5	±9.5	±15	+15 +2	+21 +2	+24 +11	+30 +11	+39 +20	+51 +32	+60 +41 +62 +43	+72 +53 +78 +59	+85 +66 +94 +75	+106 +87 +121 +102	−
	0 −54	0 −87	±7.5	±11	±17	+18 +3	+25 +3	+28 +13	+35 +13	+45 +23	+59 +37	+73 +51 +76 +54	+93 +71 +101 +79	−113 +91 −126 +104	+146 +124 +166 +144	
	0 −63	0 −100	±9	±12.5	±20	+21 +3	+28 +3	+33 +15	+40 +15	+52 +27	+68 +43	+88 +63 +90 +65 +93 +68	+117 +92 +125 +100 +133 +108	+147 +122 +159 +134 +171 +146	−	−
	0 −72	0 −115	±10	±14.5	±23	+24 +4	+33 +4	+37 +17	+46 +17	+60 +31	+79 +50	+106 +77 +109 +80 +113 +84	+151 +122 +159 +130 +169 +140	−	−	
	0 −81	0 −130	±11.5	±16	±26	+27 +4	+36 +4	+43 +20	+52 +20	+66 +34	+88 +56	+126 +94 +130 +98	−	−	−	
	0 −89	0 −140	±12.5	±18	±28	+29 +4	+40 +4	+46 +21	+57 +21	+73 +37	+98 +62	+144 +108 +150 +114	−	−	−	
	0 −97	0 −155	±13.5	±20	±31	+32 +5	+45 +5	+50 +23	+63 +23	+80 +40	+108 +68	+166 +126 +172 +132	−	−	−	

2.2.3 公差域クラスの選択性

穴及び軸の公差域クラスは，自由に選択使用できるが，実用的には使用範囲がほぼ固まっているといえる．常用するはめあいのほかに，ISO 286-2 では表 2.15～表 2.18 を推奨している．

表 2.15 穴の公差域クラスの優先度（< 500 mm, ISO 286-2）

										H1	JS1														
										H2	JS2														
					EF3	F3	FG3	G3	H3	JS3		K3	M3	N3		P3		R3		S3					
					EF4	F4	FG4	G4	H4	JS4		K4	M4	N4		P4		R4		S4					
				E5	EF5	F5	FG5	G5	H5	JS5		K5	M5	N5		P5		R5		S5	T5	U5	V5	X5	
			CD6	D6	E6	EF6	F6	FG6	G6	H6	JS6	J6	K6	M6	N6		P6		R6		S6	T6	U6	V6	X6	Y6	Z6	ZA6		
	B8	C8	CD7	D7	E7	EF7	F7	FG7	G7	H7	JS7	J7	K7	M7	N7		P7		R7		S7	T7	U7	V7	X7	Y7	Z7	ZA7	ZB7	ZC7
	B8	C8	CD8	D8	E8	EF8	F8	FG8	G8	H8	JS8	J8	K8	M8	N8		P8		R8		S8	T8	U8	V8	X8	Y8	Z8	ZA8	ZB8	ZC8
A9	B9	C9	CD9	D9	E9	EF9	F9	FG9	G9	H9	JS9		K9	M9	N9		P9		R9		S9		U9		X9	Y9	Z9	ZA9	ZB9	ZC9
A10	B10	C10	CD10	D10	E10	EF10	F10	FG10	G10	H10	JS10		K10	M10	N10		P10		R10		S10		U10		X10	Y10	Z10	ZA10	ZB10	ZC10
A11	B11	C11		D11						H11	JS11				N11												Z11	ZA11	ZB11	ZC11
A12	B12	C12		D12						H12	JS12																			
A13	B13	C13		D13						H13	JS13																			
										H14	JS14														
										H15	JS15														
										H16	JS16														
										H17	JS17														
										H18	JS18														

表 2.16 穴の公差域クラスの優先度（> 500～3150 mm, ISO 286-2）

				H1	JS1	*					
				H2	JS2						
				H3	JS3						
				H4	JS4						
				H5	JS5						
D6	E6	F6	G6	H6	JS6	K6	M6	N6	P6	R6	S6	T6	U6
D7	E7	F7	G7	H7	JS7	K7	M7	N7	P7	R7	S7	T7	U7
D8	E8	F8	G8	H8	JS8	K8	M8	N8	P8	R8	S8	T8	U8
D9	E9	F9		H9	JS9			N9	P9				
D10	E10			H10	JS10								
D11				H11	JS11								
D12				H12	JS12								
D13				H13	JS13								
				H14	JS14								
				H15	JS15								
				H16	JS16								
				H17	JS17								
				H18	JS18								

* H1～H5 及び JS1～JS5 の公差の値は，実験的に使用する．

表 2.17 軸の公差域クラスの優先度 （< 500 mm, ISO 286-2）

							h1	js1															
							h2	js2															
				ef3	f3	g3	h3	js3		k3	m3	n3	p3		r3	s3							
				ef4	f4	fg4	g4	h4	js4		k4	m4	n4	p4		r4	s4							
		cd5	d5	e5	ef5	f5	fg5	g5	h5	js5	j5	k5	m5	n5	p5		r5	s5	t5	u5	v5	x5		
		cd6	d6	e6	ef6	f6	fg6	g6	h6	js6	j6	k6	m6	n6	p6		r6	s6	t6	u6	v6	x6	y6	z6	za6		
		cd7	d7	e7	ef7	f7	fg7	g7	h7	js7	j7	k7	m7	n7	p7		r7	s7	t7	u7	v7	x7	y7	z7	za7	zb7	zc7
	c8	cd8	d8	e8	ef8	f8	fg8	g8	h8	js8	j8	k8	m8	n8	p8		r8	s8	t8	u8	v8	x8	y8	z8	za8	zb8	zc8
a9	b9	c9	cd9	d9	e9	ef9	f9	fg9	g9	h9	js9		k9	m9	n9	p9		r9	s9		u9		x9	y9	z9	za9	zb9	zc9
a10	b10	c10	cd10	d10	e10	ef10	f10	fg10	g10	h10	js10		k10			p10		r10	s10				x10	y10	z10	za10	zb10	zc10
a11	b11	c11		d11						h11	js11		k11												z11	za11	zb11	zc11
a12	b12	c12		d12						h12	js12		k12															
a13	b13			d13						h13	js13		k13															
										h14	js14																	
										h15	js15																	
										h16	js16																	
										h17	js17																	
										h18	js18																	

表 2.18 軸の公差域クラスの優先度 （> 500〜3150 mm, ISO 286-2）

				h1	js1	*					
				h2	js2						
				h3	js3						
				h4	js4						
				h5	js5						
	e6	f6	g6	h6	js6	k6	m6	n6	p6	r6	s6	t6	u6
d7	e7	f7	g7	h7	js7	k7	m7	n7	p7	r7	s7	t7	u7
d8	e8	f8	g8	h8	js8	k8			p8	r8	s8		u8
d9	e9	f9		h9	js9	k9							
d10	e10			h10	js10	k10							
d11				h11	js11	k11							
				h12	js12	k12							
				h13	js13	k13							
				h14	js14								
				h15	js15								
				h16	js16								
				h17	js17								
				h18	js18								

* h1〜h5 及び js1〜js5 の公差の値は，実験的に使用する．

一方，ISO 1829：1975 では，一般に用いる公差域クラスの優先度を表 2.19 及び表 2.20 のように規定し，これらの表の中の枠で囲まれた記号を第 1 優先で選ぶようにしている。

表 2.19 穴の公差域クラスの優先度（ISO 1829）

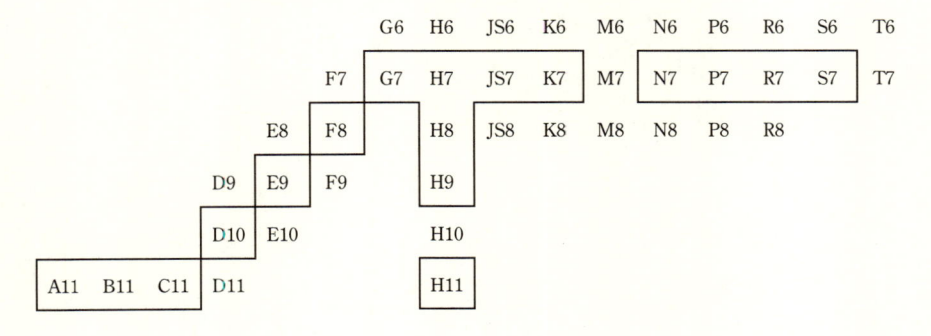

				G6	H6	JS6	K6	M6	N6	P6	R6	S6	T6
			F7	G7	H7	JS7	K7	M7	**N7**	**P7**	**R7**	**S7**	T7
		E8	F8		H8	JS8	K8	M8	N8	P8	R8		
	D9	E9	F9		H9								
	D10	E10			H10								
A11	**B11**	**C11**	**D11**			**H11**							

表2.20 軸の公差域クラスの優先度 (ISO 1829)

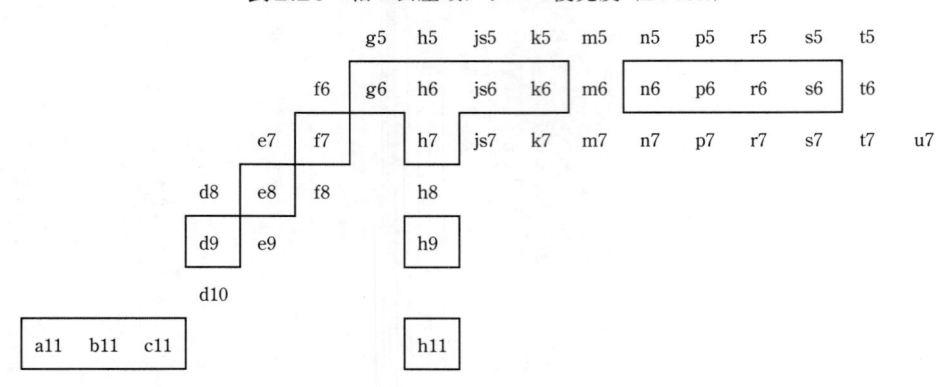

				g5	h5	js5	k5	m5	n5	p5	r5	s5	t5	
			f6	g6	h6	js6	k6	m6	n6	p6	r6	s6	t6	
		e7	f7		h7	js7	k7	m7	n7	p7	r7	s7	t7	u7
	d8	e8	f8		h8									
	d9	e9			h9									
	d10													
a11	b11	c11			h11									

公差域クラスの優先度は, ISO 1829：1975の規定が基本となり, 国情に応じて自国の国家規格を定めている. 例えば, ANSI B4.2：1978は, 表2.21及び表2.22のように規定し, 第1優先の記号を円で囲み, 第2優先のそれを枠で囲んでいる. 第3優先は, それ以外の記号である.

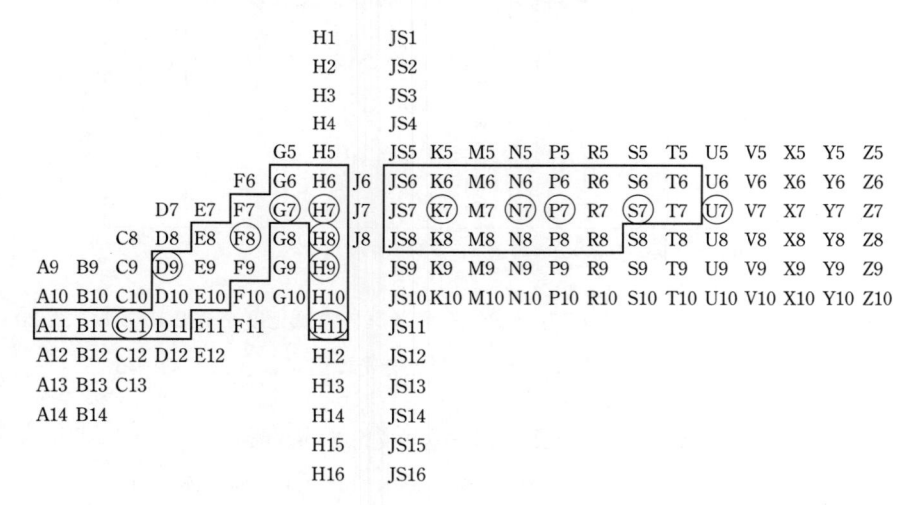

表2.21 穴の公差域クラスの優先度 (ANSI B4.2)

									H1	JS1												
									H2	JS2												
									H3	JS3												
									H4	JS4												
						G5	H5		JS5	K5	M5	N5	P5	R5	S5	T5	U5	V5	X5	Y5	Z5	
					F6	G6	H6	J6	JS6	K6	M6	N6	P6	R6	S6	T6	U6	V6	X6	Y6	Z6	
			D7	E7	F7	(G7)	(H7)	J7	JS7	(K7)	M7	(N7)	(P7)	R7	(S7)	T7	(U7)	V7	X7	Y7	Z7	
		C8	D8	E8	(F8)	G8	(H8)	J8	JS8	K8	M8	N8	P8	R8	S8	T8	U8	V8	X8	Y8	Z8	
A9	B9	C9		(D9)	E9	F9	G9	(H9)		JS9	K9	M9	N9	P9	R9	S9	T9	U9	V9	X9	Y9	Z9
A10	B10	(C10)	D10	E10	F10	G10	H10		JS10	K10	M10	N10	P10	R10	S10	T10	U10	V10	X10	Y10	Z10	
A11	B11	(C11)	D11	E11	F11		(H11)		JS11													
A12	B12	C12	D12	E12			H12		JS12													
A13	B13	C13					H13		JS13													
A14	B14						H14		JS14													
							H15		JS15													
							H16		JS16													

2.2 はめあい方式

表 2.22 軸の公差域クラスの優先度 (ANSI B4.2)

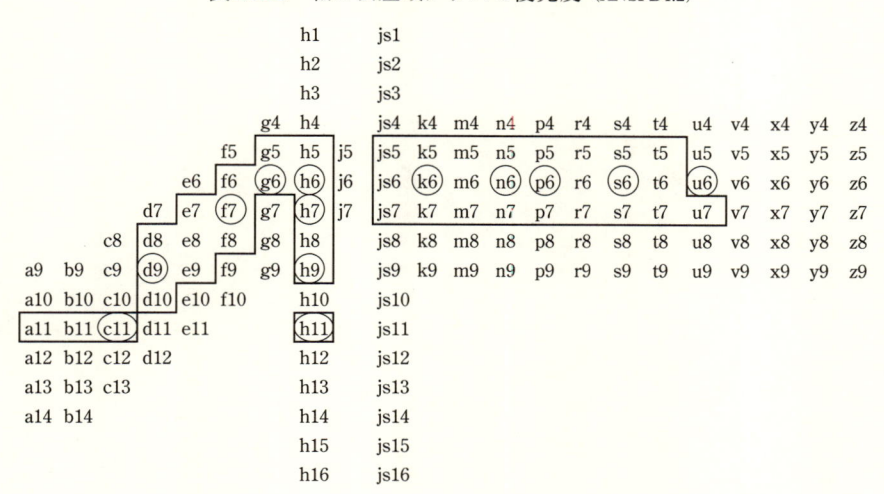

							h1		js1											
							h2		js2											
							h3		js3											
						g4	h4		js4	k4	m4	n4	p4	r4	s4	t4	u4	v4	x4	y4	z4
					f5	g5	h5	j5	js5	k5	m5	n5	p5	r5	s5	t5	u5	v5	x5	y5	z5
				e6	f6	(g6)	(h6)	j6	js6	(k6)	m6	(n6)	(p6)	r6	(s6)	t6	(u6)	v6	x6	y6	z6
			d7	e7	(f7)	g7	(h7)	j7	js7	k7	m7	n7	p7	r7	s7	t7	u7	v7	x7	y7	z7
		c8	d8	e8	f8	g8	h8		js8	k8	m8	n8	p8	r8	s8	t8	u8	v8	x8	y8	z8
a9	b9	c9	(d9)	e9	f9	g9	(h9)		js9	k9	m9	n9	p9	r9	s9	t9	u9	v9	x9	y9	z9
a10	b10	c10	d10	e10	f10		h10		js10												
a11	b11	(c11)	d11	e11			(h11)		js11												
a12	b12	c12	d12				h12		js12												
a13	b13	c13					h13		js13												
a14	b14						h14		js14												
							h15		js15												
							h16		js16												

3. 寸法公差

　第1章及び第2章で寸法及びはめあいのもつ性格がかなり明確になったので，この章では，図面に指示する寸法の許容限界をどのように解釈するかについて，新しい概念を含めて考えることにする。

3.1 寸法公差を指示する意味

　ものづくりにおいては，仕上がったものは加工方法がどうあれ，必ず偏差（deviation）をもつ。この寸法偏差の許容値が寸法公差（dimensional tolerance）である。JIS Z 8114 では，寸法公差を"**最大許容寸法と最小許容寸法との差**"と定義している。そして大切なことは，特に指定がなければ，公差域内では，形体の姿勢は問われないことである。

　形体の最大許容寸法や最小許容寸法は，製品機能，加工精度，コストなどによって，設計者が図面へ指示する。このことは，ものづくりにおける図面の寸法には何らかの公差を指示しなければならないことを意味している。

　なお，公差の指示がないのは，参考寸法（reference dimension）だけである。この参考寸法は，図面の要求事項のためのものではなく，参考情報として指示する寸法である。そのため，測ってはならない寸法である。

3.2 数値で指示する公差

　設計要求に応じて寸法の許容限界を決め，寸法公差を数値で指示する。

3.2.1 両側公差（bilateral tolerances）

　基準寸法（basic dimension, nominal dimension）に続けて，上・下の寸法許容差を正負の記号を付けて指示する。基準寸法に対して対称な場合を例1に，非対称な場合を例2に示す。

　　例1： 20±0.1

例2： $20^{+0.15}_{-0.05}$

これらの例の場合，仕上がった形体の寸法は20 mm がよいというよりも，最大許容寸法と最小許容寸法との間にあればよい。

参考 英語では，公差も許容差も tolerance を用いている。組立品のような外側形体及び内側形体に対して公差を指示する場合には，図3.1のように穴，軸のように区別して指示する。

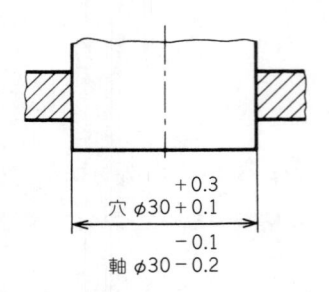

図3.1 組立品に対する公差の指示例 （JIS Z 8318）

穴 $\phi 30 {+0.3 \atop +0.1}$
軸 $\phi 30 {-0.1 \atop -0.2}$

角度公差の場合には，上・下の寸法許容差を図3.2及び図3.3のように単位記号を付けて指示する。

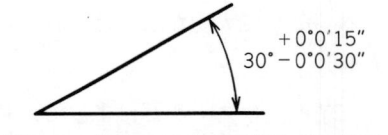

図3.2 角度に対する両側公差の指示例
（JIS Z 8318）

$30° {+0°0'15'' \atop -0°0'30''}$

図3.3 角度に±公差の指示例
（JIS Z 8318）

$15.5° \pm 0.25°$

図3.3に示すように十進法で指示するのがよいとされているが，六十進法で指示する場合で，0°未満の公差は0°を付ける（図3.4）。

なお，平面角のSI単位はラジアン（単位記号：rad）であるが，SI単位と併用できる単位として度，分及び秒が使用できるので，従来どおりにこれらを用いる。もちろん，rad を用いることができる（図3.5）。この場合でも，単位記号 rad を付けて指示する。

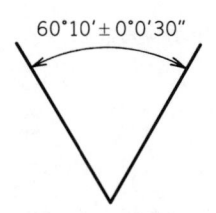

図3.4 0°未満の公差の指示例 （JIS Z 8318）

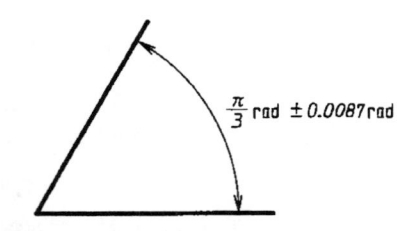

$60°10' \pm 0°0'30''$

図3.5 rad の指示例 （JIS Z 8318 : 1984）

$\frac{\pi}{3}$ rad ± 0.0087 rad

3.2.2 片側公差 (unilateral tolerance)

片側公差は，基準寸法に続けて，上又は下の寸法許容差をゼロにして指示する。なお，0には正負の記号は付けない。

例1： $30^{+0.1}_{\ 0}$

例2： $30^{\ 0}_{-0.15}$

3.2.3 許容限界寸法

最大許容寸法及び最小許容寸法を指示する。この場合，最大許容寸法を上側に，最小許容寸法を下側に置く。

例： 30.1
　　 29.8

角度寸法についても許容限界寸法が指示できる（図3.6）。

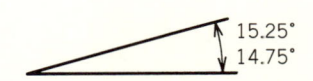

図3.6 角度寸法に許容限界寸法を指示する例 (JIS Z 8318)

3.2.4 最大寸法又は最小寸法

最大寸法又は最小寸法を寸法数値の後に記号 max. 又は min. を付けて指示する。

最大寸法には記号 max. 又は最大が，最小寸法には記号 min. 又は最小が付記される。

例1： 30 max. 又は 最大 30

　　　この場合，30 mm がねらい寸法であるが，30 mm を越えてはならない。

例2： 30 min. 又は 最小 30

　　　この場合，30 mm がねらい寸法であるが，30 mm 未満であってはならない。

参考　従来は，最大又は最小を表す図示記号が max 及び min であったが，ISO 129-1：2003 が max 及び min にピリオドを付けたので，max. 及び min. となった。

角度寸法に対しても同様に最大，最小，max. 及び min. が指示できる（図3.7）。

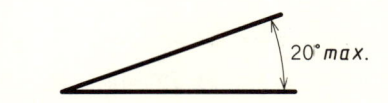

図3.7 角度寸法に対する max. の指示例

3.3 公差域クラスの指示

はめあいを要求する場合,公差域クラス(寸法公差記号といってもよい。)を,寸法数値の後に続けて指示する。

例1:穴の場合　ϕ 30 H7

例2:軸の場合　ϕ 30 f8

参考　ドイツ,スイスなどでは,公差域クラスを単に数値の代わりに指示している場合が多いので,公差域クラスを指示しているからといってもはめあいを要求しているとは限らない。

公差域クラスに対して数値を参考で示す場合には,公差域クラスの後に続けて,その数値を( )で囲んで指示する。

例1:　ϕ 30 H7 $\left(^{+0.021}_{\ \ \ 0}\right)$

例2:　ϕ 30 f8 $\left(^{-0.020}_{-0.053}\right)$

組立状態で外側形体 (external feature) 及び内側形体 (internal feature) に対しては,図3.8及び図3.9のように指示する。

なお,普通公差に等級記号による一括指示については,第4章を参照。

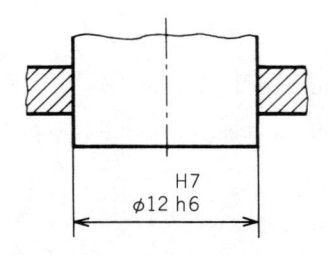

図 3.8 外側形体及び内側形体への公差域クラスの指示例1 (JIS Z 8318) 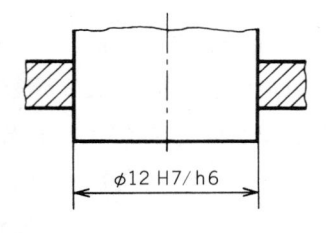　　**図 3.9** 外側形体及び内側形体への公差域クラスの指示例2 (JIS Z 8318)

3.4 エッジ公差

部品のかど及び隅にできる二つの面の交わり部であるエッジについて,それらの正確な形状を図示してなく,詳細寸法も指示していない,いわゆる図面に指定されていないエッジ (edge of undefined shape) の公差(上の寸法許容差及び下の寸法許容差)については,ISO 13715に整合したJIS B 0051がある。

3.4 エッジ公差

3.4.1 エッジの指示方法

エッジ公差は，図3.10に示す基本記号を用いて，図3.11に示す基本記号のa_1の位置に表3.1の＋，−又は±記号を寸法許容差に付けて指示する。

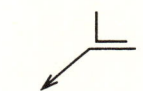

図3.10 基本記号（JIS B 0051）

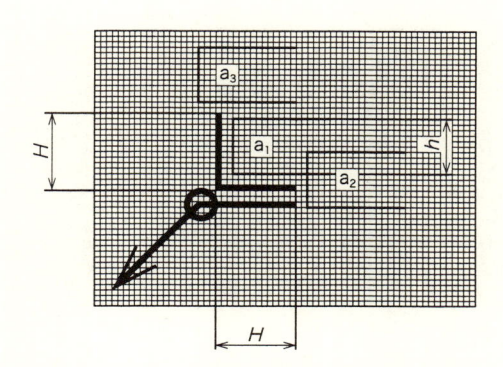

図3.11 寸法許容差の記入位置（JIS B 0051）

表3.1 エッジの状態を表す記号（JIS B 0051）

記号	意味	
	かどのエッジ	隅のエッジ
＋	ばりは許容するが，アンダーカットは許容しない。	パッシングは許容するが，アンダーカットは許容しない。
−	アンダーカットは許容するが，ばりは許容しない。	アンダーカットは許容するが，パッシングは許容しない。
±*	ばり又はアンダーカットは許容する。	アンダーカット又はパッシングは許容する。

＊ 寸法の指示とともに用いる。

＋記号は，対象とする実体が出っ張っていることを許容し，−記号は実体が入り込んでいることを許容し，±記号は実体が上の寸法許容差と下の寸法許容差との間にあることを許容する。

かどのばりは，図3.12のような加工時の残留物である。このようなばりの方向は，基本記号の水平線又は垂直線の端部に寸法許容差を付けて指示する。この例を図3.13に示す。

なお，図3.13及び図3.16のように，片側だけに寸法許容差を指示した場合には，他方は0（ゼロ）を要求していると解釈する。

図 3.12 ばりの例 (JIS B 0051)

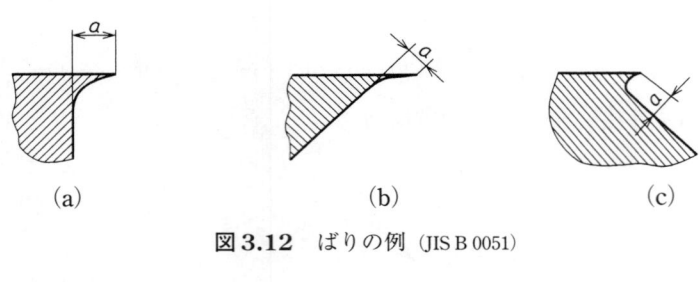

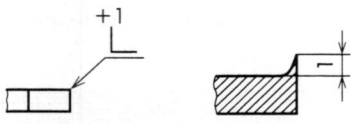

図 3.13 ばりの方向 (JIS B 0051)

アンダーカットは，実体が入り込んでいる状態であり，ばりについては図 3.14 の例が，隅については図 3.15 の例が考えられる。

アンダーカットの方向は，基本記号の水平線又は垂直線の端部に寸法許容差を付けて指示する。この例を図 3.16 に示す。

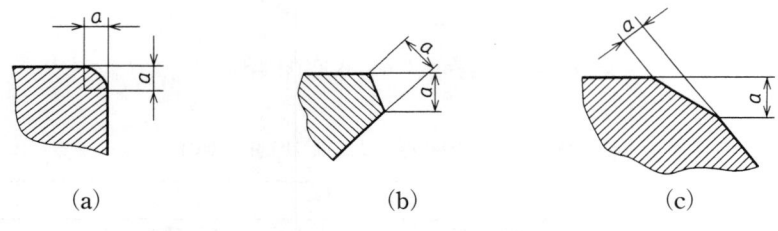

図 3.14 かどのアンダーカットの例 (JIS B 0051)

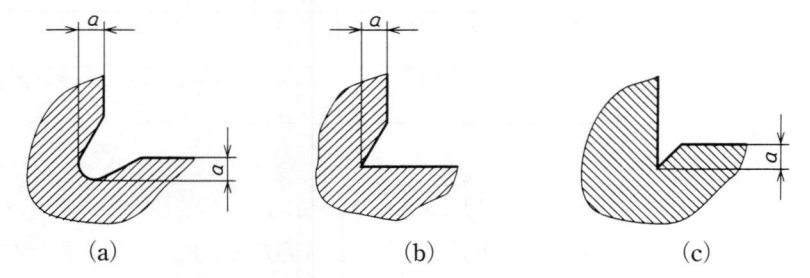

図 3.15 隅のアンダーカットの例 (JIS B 0051)

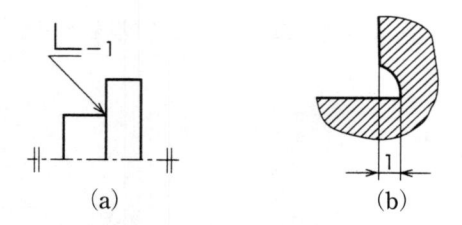

図 3.16 アンダーカットの方向 (JIS B 0051)

隅については，外側への出っ張りをパッシング（passing）といい，図3.17の例が考えられる。

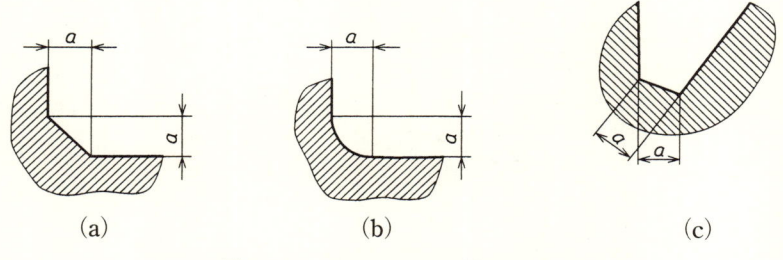

図 3.17 パッシングの例（JIS B 0051）

エッジに対する上の寸法許容差及び下の寸法許容差は，図3.18に示すように，上の寸法許容差が上側に，下の寸法許容差が下側になるように指示する。

図 3.18 寸法許容差の指示例（JIS B 0051）

3.4.2　指示方法

（1）一般原則

図面には，次の事項を指示するのがよい。

① 投影平面に垂直な方向のエッジ（図3.19の正面図のエッジ）

② 穴の縁（図3.19の断面図の穴の両端エッジ）

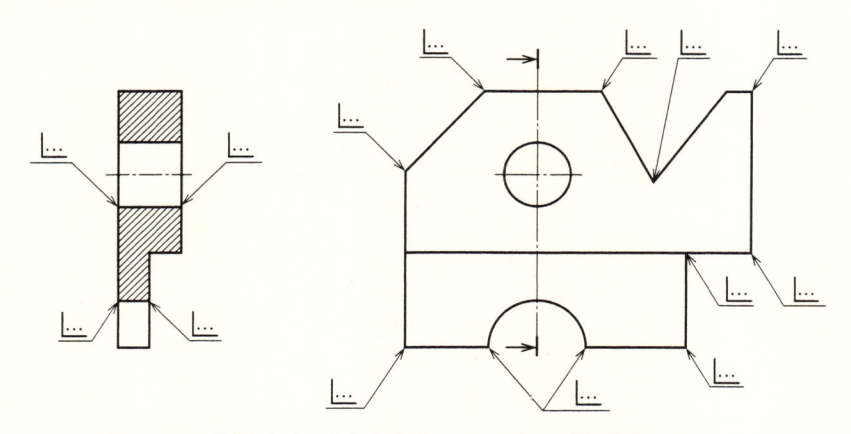

図 3.19 投影平面に垂直な方向のエッジへの指示例（JIS B 0051）

③ 一つの投影図で表されている前面及び背面が同じ形状の両面のエッジ（図3.20）。
④ 全周に適用する場合には，全周記号を指示線と参照線との交点に指示する（図3.20）。なお，全周記号は，断面に指示してはならない。

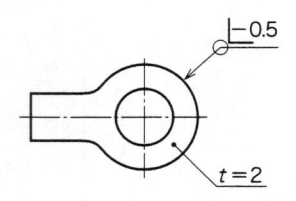

図3.20 両面のエッジへの指示例（JIS B 0051）

(2) 指示の詳細
① 図示記号は，図面の下辺から読むことができるように指示する。
② 特に指示がない限り，形体単位でエッジの指示をするが，限定した範囲に対して指示をする場合には，太い一点鎖線を指定する形体の部分から少し離して，対応する寸法とともに指示する（図3.21）。

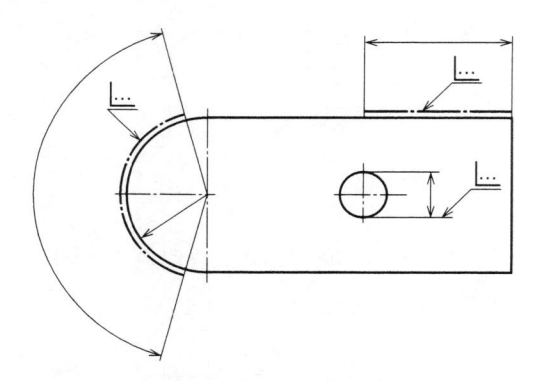

図3.21 適用範囲の限定（JIS B 0051）

③ 一括指示は，図の付近，表題欄の中又はその付近に行う（図3.22）。

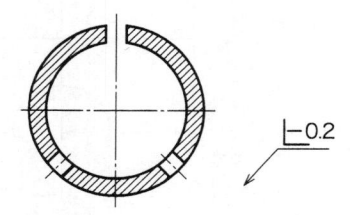

図3.22 一括指示の例（JIS B 0051）

④ かどだけ又は隅だけに一括指示をする場合には，それらの一部を直角に開いた外形線で示し，それに図示記号を指示する（図3.23及び図3.24）。

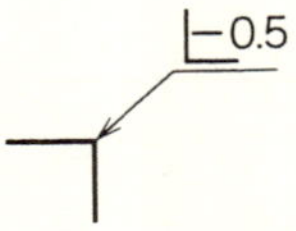

図3.23 かどへの一括指示例（JIS B 0051） 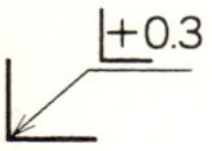　　　**図3.24** 隅への一括指示例（JIS B 0051）

⑤ 対称物の大部分が同一の指示で，一部分だけの指示が異なっている場合には，異なっている指示を図中に指示するとともに，図3.23又は図3.24の指示に続いて異なっている指示を，括弧を付けて一括指示をする（図3.25）。

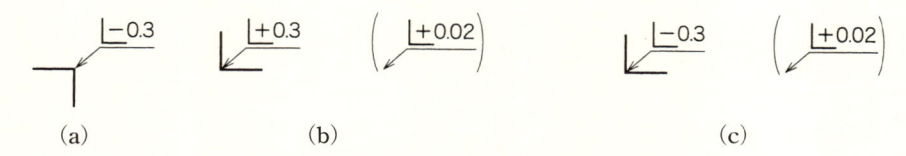

(a)　　　　　(b)　　　　　　　　　　　(c)

図3.25 大部分が一括指示の例（JIS B 0051）

⑥ ⑤の指示の簡略化のために，括弧内の指示は基本記号だけを示してもよい（図3.26）。

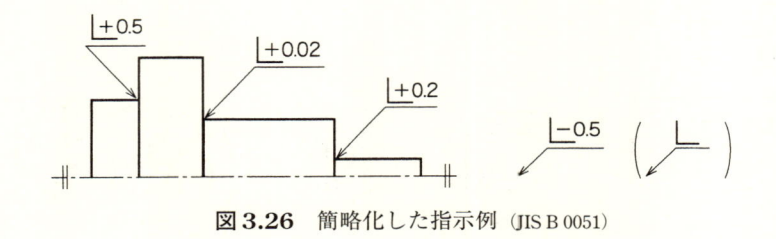

図3.26 簡略化した指示例（JIS B 0051）

3.4.3　規格の引用

エッジの指示に関する規格を図面に引用する場合には，規格番号を基本記号の前に指示する。JISの例を図3.27に示す。

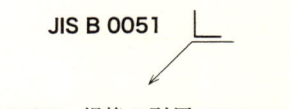

JIS B 0051

図3.27 規格の引用（JIS B 0051）

3.4.4 エッジの指示例

エッジの指示例を表3.2に示す。

表3.2 表示例 (JIS B 0051)

指示例	意味	説明
⌐+0.3		かどは，0.3 mm までのばりを許容し，ばりの方向は指示しない。
⌐+		かどは，ばりを許容し，ばりの寸法及び方向は指示しない。
+0.3 ⌐		かどのばりは，0.3 mm まで許容し，ばりの方向を指示する。
⌐ +0.3		
⌐-0.3		かどはばりを許容しないが，アンダーカットは 0.3 mm まで許容する。
-0.1 / -0.5		かどはばりを許容しないが，アンダーカットは 0.1～0.5 mm を許容する。
⌐-		かどはばりを許容しないが，アンダーカットは許容し，その寸法は規制しない。
±0.05		かどはばりを 0.05 mm まで許容し，アンダーカットも 0.05 mm まで許容する。アンダーカットの方向は指示しない。

3.4 エッジ公差

(続き)

指示例	意味	説明
+0.3 / −0.1		かどはばりを 0.3 mm まで許容し，アンダーカットは 0.1 mm まで許容する。ばりの方向は指示しない。
−0.3		隅のアンダーカットは 0.3 mm まで許容するが，アンダーカットの方向は指示しない。
−0.1 / −0.5		隅のアンダーカットは 0.1〜0.5 mm を許容する。アンダーカットの方向は指示しない。
−0.3		隅のアンダーカットは 0.3 mm まで許容する。アンダーカットの方向を指示する。
+0.3		隅のパッシングは 0.3 mm まで許容する。
+1 / −0.3		隅のパッシングは 0.3〜1 mm を許容する。
±0.05		隅のアンダーカットは 0.05 mm まで許容し，パッシングは 0.05 mm まで許容する（鋭利なエッジ）。アンダーカットの方向は指示しない。
+0.1 / −0.3		隅のパッシングは 0.1 mm まで許容し，アンダーカットは 0.3 mm まで許容する。アンダーカットの方向は指示しない。

3.5 公差の累積

第1章で述べたが，直列寸法記入法では必ず公差の累積が起こる。並列寸法記入法，累進寸法記入法及び座標寸法記入法では，公差の累積はない。そのため，機能，組付性などを考慮して，適切な寸法記入法を選ぶ必要がある。

公差の累積を確実に避けるには，幾何公差方式が有効である。これについては，第5章を参照。

3.6 公差方式の独立性と相互依存性

3.6.1 独立の原則

指示された寸法公差は，形体の形状をどこまで規制できるかは，重要な問題である。アメリカでは，ASME Y14.5M のルール#1で図3.28のように規定している。

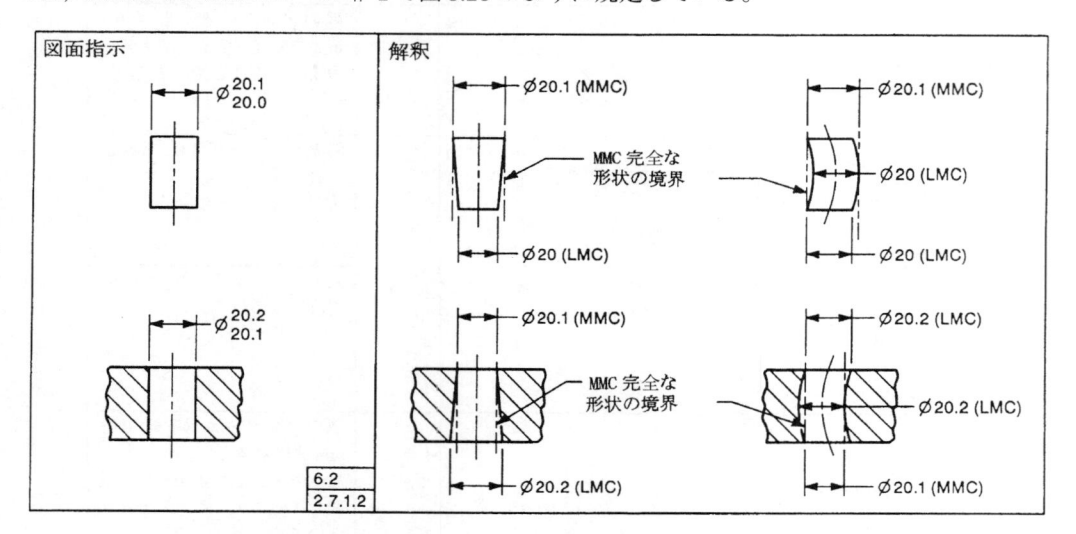

図3.28 形体の形状規制（ASME Y14.5M ルール#1）

このことは，寸法の許容限界は形体の形状を規制することを意味する。

一方，カナダの国家規格 CSA B78.2：1967 では，図面に指示する特性，すなわち，寸法公差，幾何公差などは特に指定がなければ，それぞれ独立して適用されることを規定した。

これらの違いが ISO の場で議論され，ISO 8015：1986 が独立の原則（principle of independency）として制定された。これを受けて，日本工業標準調査会は JIS B 0024：1988 を制定した。この JIS B 0024 では，独立の原則を次のように規定している。

図面上に，個々に指定した寸法及び幾何特性に対する要求事項は，それらの間に特別の関係が

3.6 公差方式の独立性と相互依存性

指定されない限り，独立に適用する。

それゆえ何も関係が指定されていない場合には，幾何公差は形体の寸法に無関係に適用し，寸法公差と幾何公差は，無関係なものとして扱う（図3.29）。その公差域の解釈を図3.30に示す。

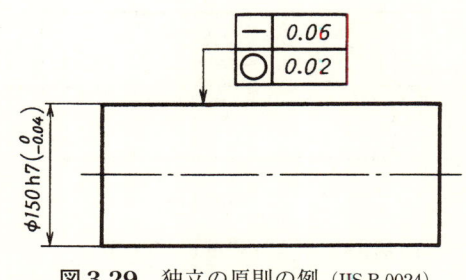

図3.29 独立の原則の例（JIS B 0024）

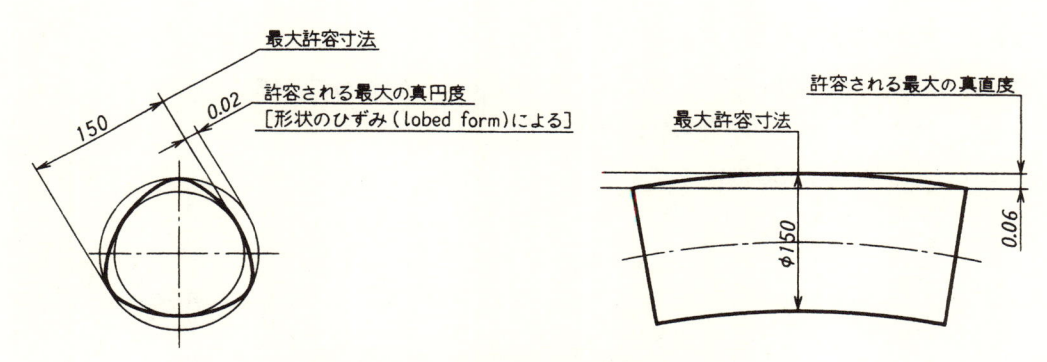

図3.30 図3.29の公差域の解釈（JIS B 0024）

ANSI Y14.5Mのルール＃1では，円筒直径は150〜149.96に，真直度は0.04まで認められ，独立の原則を適用すると，円筒直径は150〜149.96に，真直度は0.06まで認められる。このような解釈の違いがある。

特に指定がある場合，例えば，ANSI Y14.5Mのルール＃1のように形状が寸法許容限界内になければならない場合には，記号Ⓔを寸法公差の後に続けて指示する。この例を図3.31に示す。

なお，Ⓔは，envelope requirementの略で，包絡の条件と呼ぶ。

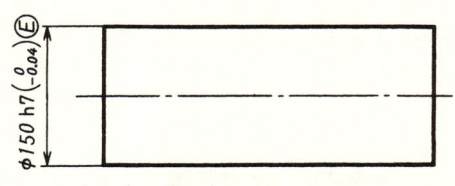

図3.31 Ⓔの指示例（JIS B 0024）

図3.31は，形体は寸法許容限界内にあって，最大実体寸法（穴のような内側形体に対しては最小許容寸法，軸のような外側形体に対しては最大許容寸法である。）において完全形状（perfect form) でなければならないことを要求している（図 3.32）。

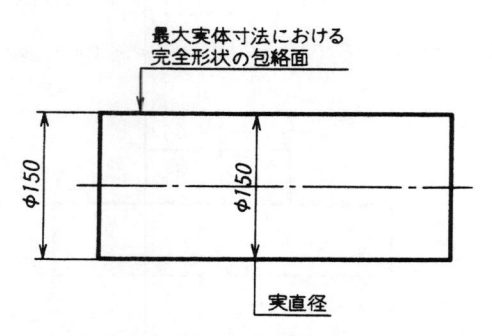

図 3.32 図 3.31 の解釈 (JIS B 0024)

3.6.2 独立の原則の図面への表示

図面に独立の原則を適用するために，表題欄の中又はその付近に規格番号を表示する。

① 公差方式：JIS B 0024，又は

② Tolerancing：ISO 8015

表題欄への表示例を図 3.33 に示す。

図 3.33 独立の原則の表示例

注意すべきことは，図面に独立の原則を適用する表示をした場合には，普通幾何公差，例えば，JIS B 0419（ISO 2768-2）の適用が必要である。

3.6.3 相互依存性

一方，個々に指定した寸法及び幾何特性に対する要求事項は，次の場合に相互依存関係が適用される。

① 包絡の条件（記号：Ⓔ）

② 最大実体公差方式（記号：Ⓜ）

③　最小実体公差方式（記号：Ⓛ)

④　突出公差域（記号：Ⓟ)

これらについては，第5章及び第6章を参照。

4. 普通寸法公差

普通の工場の普通の努力で得られる部品精度を標準化したのが普通寸法公差である。ものづくりの各プロセスごと，例えば，鋳造，鍛造，切削加工などの普通寸法公差がある。

なお，普通寸法公差という用語は，時代とともに，寸法差，寸法許容差，一般公差と変化してきた。

この章では，JISで標準化されている代表的な普通寸法公差の考え方について述べる。

4.1 鋳造品の寸法公差方式

4.1.1 鋳放し鋳造品

鋳造品は，模型（pattern）を木材，プラスチック，金属などで製作し，砂型，セルモールド型，金型などに縮みしろ，削りしろなどを考慮した鋳型（mould）を製作して，溶融金属を鋳型に注入して鋳放し鋳造品（raw casting）を製作する。この鋳放し品を前加工（pre-machining）したり，機械加工（final machining）をして，所定の形状に仕上げる鋳造品は設計者が指示した部品寸法と鋳放し鋳造品（raw casting）の寸法とは複雑な関係にある。そのため，部品図の基準寸法とは異なった鋳放し鋳造品の基準寸法（basic dimension of raw casting）という用語が用いられる（図4.1）。

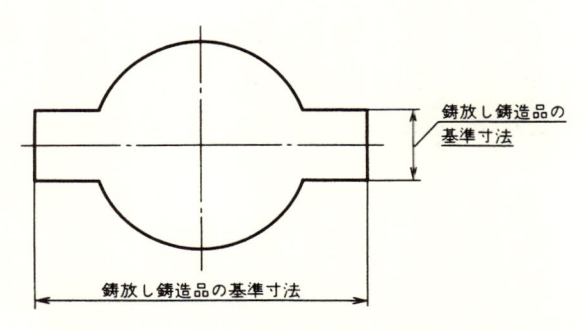

図4.1 鋳放し鋳造品の基準寸法 (JIS B 0403)

これらの工程において，模型公差，鋳型公差，鋳造公差，鋳造幾何公差，抜けこう配，削りしろ，幾何公差などが必要となる。しかし，2006年末の時点で，国際的に標準化されているのは鋳造品公差（casting tolerance：*CT*），削りしろ（required machining allowance：*RMA*）であり［ISO 8062（JIS B 0403)］，これらは積木方式で構成されている（図4.2）。

ISO/TC 213 は，ISO 8062 の改正作業に，部品図の基準寸法と鋳放し鋳造品の基準寸法とが計算できるようにすることを要求しているが，上記の各種公差を標準化しなければ，計算は困難である。そのため，鋳造工場で決める鋳放し鋳造品の基準寸法が使用される。

参考 2006年末の時点で，ISO 8062 が改正中であり，日本の鋳造工場の調査データをベースにして，鋳造幾何公差及び抜けこう配を追加しようとしている。

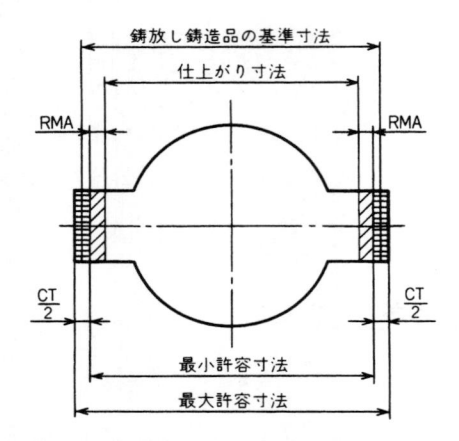

図 4.2 鋳造品の寸法許容限界 （JIS B 0403）

4.1.2 鋳造品の公差

鋳造品の寸法公差方式（casting-system of dimensional tolerances）は，砂型鋳造（sand moulding），金型鋳造（gravity die casting），低圧造品（low pressure die casting），ダイカスト（high pressure die casting）及びインベストメント鋳造（investment casting）の方法によって製造した金属及び合金の鋳放し鋳造品の寸法公差に適用される。

個々に鋳造公差を指示する場合にも，標準化された寸法公差の数値を選択使用するのがよい。その意味もあって，鋳造品の寸法公差方式といわれる。

この鋳放し鋳造品の寸法公差は，CT1～CT16 で表示する 16 等級とし，その数値は表 4.1 のとおりである。

表 4.1 鋳造品の寸法公差 (JIS B 0403)

鋳放し鋳造品の基準寸法		全鋳造公差 鋳造公差等級 CT [1]														
を超え	以下	1	2	3	4	5	6	7	8	9	10	11	12	13	14[2]	15[2]	16[2][3]
—	10	0.09	0.13	0.18	0.26	0.36	0.52	0.74	1	1.5	2	2.8	4.2	—	—	—	—
10	16	0.1	0.14	0.2	0.28	0.38	0.54	0.78	1.1	1.6	2.2	3	4.4	—	—	—	—
16	25	0.11	0.15	0.22	0.3	0.42	0.58	0.82	1.2	1.7	2.4	3.2	4.6	6	8	10	12
25	40	0.12	0.17	0.24	0.32	0.46	0.64	0.9	1.3	1.8	2.6	3.6	5	7	9	11	14
40	63	0.13	0.18	0.26	0.36	0.5	0.7	1	1.4	2	2.8	4	5.6	8	10	12	16
63	100	0.14	0.2	0.28	0.4	0.56	0.78	1.1	1.6	2.2	3.2	4.4	6	9	11	14	18
100	160	0.15	0.22	0.3	0.44	0.62	0.88	1.2	1.8	2.5	3.6	5	7	10	12	16	20
160	250		0.24	0.34	0.5	0.7	1	1.4	2	2.8	4	5.6	8	11	14	18	22
250	400			0.4	0.56	0.78	1.1	1.6	2.2	3.2	4.4	6.2	9	12	16	20	25
400	630				0.64	0.9	1.2	1.8	2.6	3.6	5	7	10	14	18	22	28
630	1 000					1	1.4	2	2.8	4	6	8	11	16	20	25	32
1 000	1 600						1.6	2.2	3.2	4.6	7	9	13	18	23	29	37
1 600	2 500							2.6	3.8	5.4	8	10	15	21	26	33	42
2 500	4 000								4.4	6.2	9	12	17	24	30	38	49
4 000	6 300									7	10	14	20	28	35	44	56
6 300	10 000										11	16	23	32	40	50	64

[1] 公差等級 CT 1～CT 15 における肉厚に対して，1等級大きい公差等級を適用する．
[2] 16 mm までの寸法に対して CT 13～CT 16 までの普通公差は適用しないので，これらの寸法には，個々の公差を指示する．
[3] 等級 CT 16 は，一般に CT 15 を指示した鋳造品の肉厚に対してだけ適用する．

　これらは，主要工業国の鋳造工場のデータに基づくものであり，日本の鋳造工場の精度にもよく合致することが検証されている．

　なお，表4.1の鋳造品の寸法公差の変化の様子を図4.3に示す[1]．

　鋳造品の多くの寸法は，型合せ面や中子があることによる影響を受けて，寸法公差を大きくすることが必要になる．設計においては，使用される鋳型及び中子のレイアウトについて必ずしも熟知しているとは限らないので，表4.1の公差の値にはこれらの増分が含まれている．

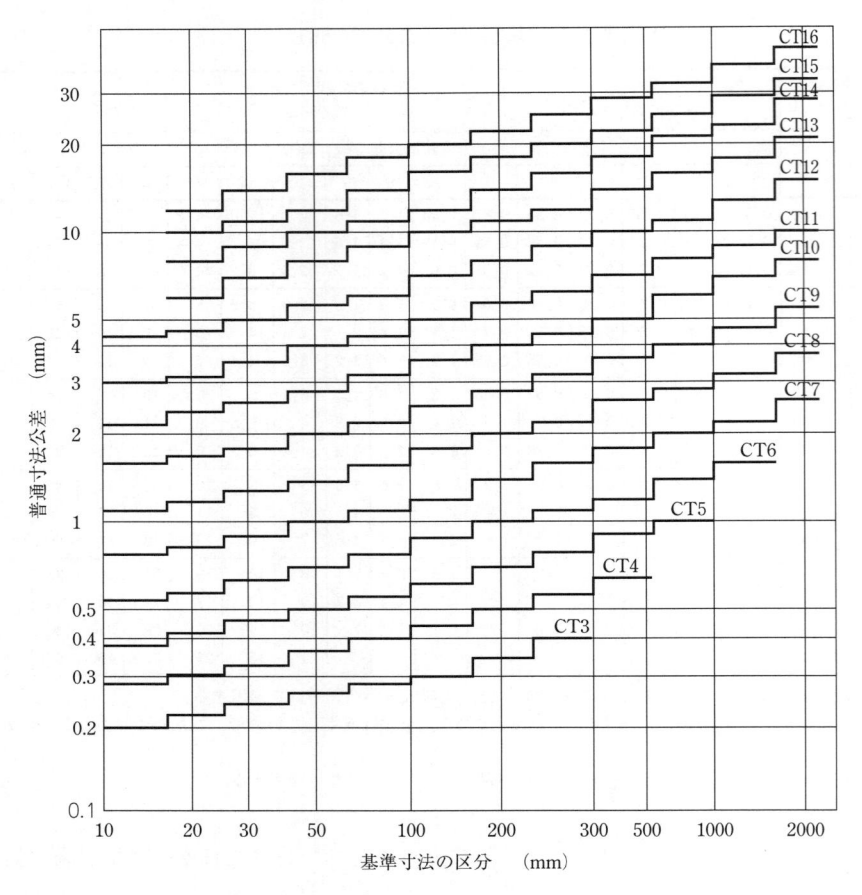

図4.3 鋳造品の寸法公差のグラフ

このCTは，大量生産用と少量生産用とでは適用する等級が少し異なる．JIS B 0403では，表4.2〜表4.4の等級を推奨している．

なお，表4.2は金型鋳造品，ダイカスト及びアルミニウム合金鋳物に対しては調査研究を行っているとしているが，JIS B 0403ではISO 8062の第1版で推奨していた等級を参考で示しているので（表4.3），高い信頼度で使用できるといえる．

ねずみ鋳鉄品の肉厚以外のCTと国内鋳造工場の測定精度との関係を図4.4に，ねずみ鋳鉄品の肉厚のCTと国内鋳造工場の測定精度との関係を図4.5に示す．

参考 ISO 8062の第1版の改正作業において，ドイツが金型鋳造品，ダイカスト及びアルミニウム合金鋳物に対する推奨等級に強く反対し，第2版でこれを削除した．JIS B 0403は，これらを参考表で残している．

4.1 鋳造品の寸法公差方式

表 4.2 長期間製造する鋳放し鋳造品に対する公差等級
(JIS B 0403)

鋳造方法	公差等級 CT								
	鋳鋼	ねずみ鋳鉄	可鍛鋳鉄	球状黒鉛鋳鉄	銅合金	亜鉛合金	軽金属	ニッケル基合金	コバルト基合金
砂型鋳造手込め	11〜14	11〜14	11〜14	11〜14	10〜13	10〜13	9〜12	11〜14	11〜14
砂型鋳造機械込め及びシェルモールド	8〜12	8〜12	8〜12	8〜12	8〜10	8〜10	7〜9	8〜12	8〜12
金型鋳造（重力法及び低圧法）	適切な表を確定する調査研究を行っている。当分の間，受渡当事者間で協議するのがよい。								
圧力ダイカスト									
インベストメント鋳造									

備考1. この表に示す公差は，長期間に製造する鋳造品で，鋳造品の寸法精度に影響を与える生産要因を十分に解決している場合に適用する。
2. この規格は，受渡当事者間の同意によって，表4.2に示されてない鋳造方法及び金属に対しても使用できる。

表 4.3 長期間製造する鋳放し鋳造品に対する公差等級
(JIS B 0403)

鋳造方法	公差等級 CT								
	鋼	ねずみ鋳鉄	球状黒鉛鋳鉄	可鍛鋳鉄	銅合金	亜鉛合金	軽金属	ニッケル基合金	コバルト基合金
金型鋳造（低圧鋳造を含む）		7〜9	7〜9	7〜9	7〜9	7〜9	6〜8		
ダイカスト					6〜8	4〜6	5〜7		
インベストメント鋳造	4〜6	4〜6	4〜6	4〜6	4〜6		4〜6	4〜6	4〜6

備考1. この表に示す公差は，長期に製造する鋳造品で，鋳造品の寸法精度に影響を与える生産要因を十分に解決している場合に，普通に適用する。
2. この規格は，受渡当事者間の同意によって，この表に示されていない鋳造方法及び金属に対しても使用できる。

表 4.4 短期間又は1回限り製造する鋳放し鋳造品に対する公差等級
(JIS B 0403)

鋳造方法	鋳型材料	公差等級 CT							
		鋳鋼	ねずみ鋳鉄	可鍛鋳鉄	球状黒鉛鋳鉄	銅合金	軽金属	ニッケル基合金	コバルト基合金
砂型鋳造手込め	生型	13〜15	13〜15	13〜15	13〜15	13〜15	11〜13	13〜15	13〜15
	自硬性鋳型	12〜14	11〜13	11〜13	11〜13	10〜12	10〜12	12〜14	12〜14

備考1. この表に示す公差は，短期間又は1回限り製造する砂型鋳造品で，鋳造品の寸法精度を与える生産要因を十分に解決している場合に，普通に適用する。
2. この表の数値は，一般的に25 mmを超える基準寸法に適用する。これより小さい基準寸法に対しては，通常，次のような小さい公差にする。
　a) 基準寸法10 mmまで：3等級小さい公差
　b) 基準寸法10 mmを超え16 mmまで：2等級小さい公差
　c) 基準寸法16 mmを超え25 mmまで：1等級小さい公差
3. この附属書は，受渡当事者間の同意によって，表4.4に示されてない鋳造方法及び金属に対しても使用できる。

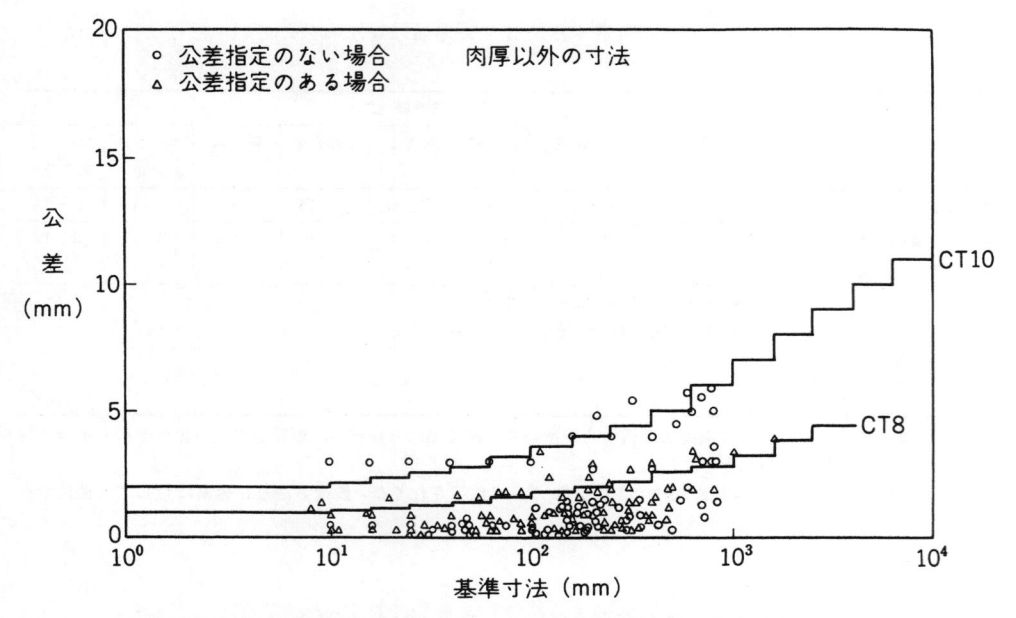

図4.4 ねずみ鋳鉄品の肉厚以外のCTと国内鋳造工場の測定精度との関係
(JIS B 0403)

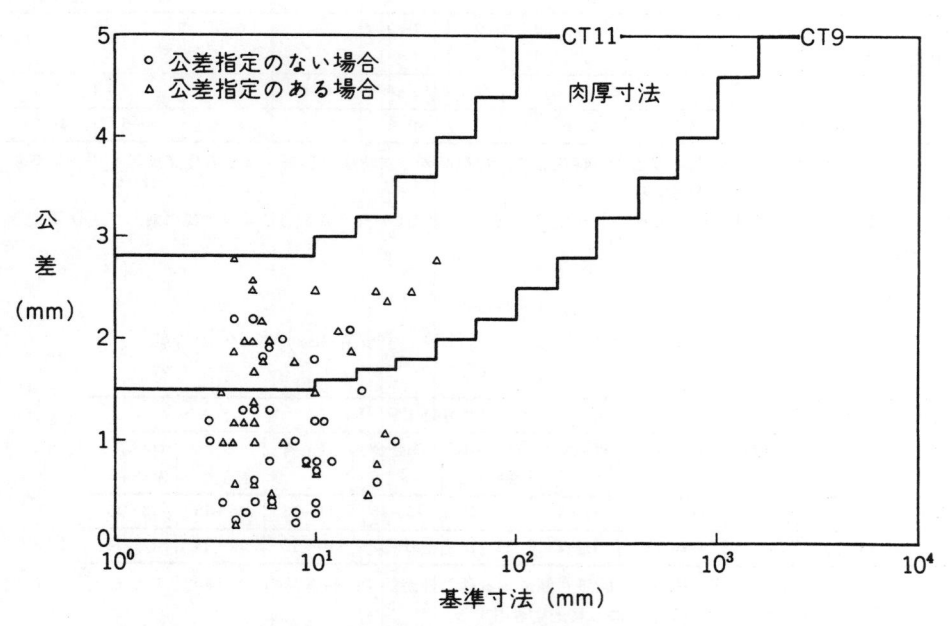

図4.5 ねずみ鋳鉄品の肉厚のCTと国内鋳造工場の測定精度との関係
(JIS B 0403)

4.1.3 型ずれ

上型と下型とを合わせるときに起因する相対的な変位が型ずれ（mismatch）である（図4.6）。この型ずれには，鋳造品の表面で左右又は前後で等量であるとは限らない。上から見て回転方向に型ずれが生じることもある。

いずれのずれ量もミリメートルで表され，鋳放し鋳造品の CT で決まる最大許容寸法と最小許容寸法との間に形体が入ればよいのである。例えば，基準寸法40 mmにCT8を適用すると，表4.1から寸法公差は1.3 mmとなり，そのときの型ずれは左右同じように生じるとして，寸法公差の二分の一（0.65 mm）が型ずれに適用される。

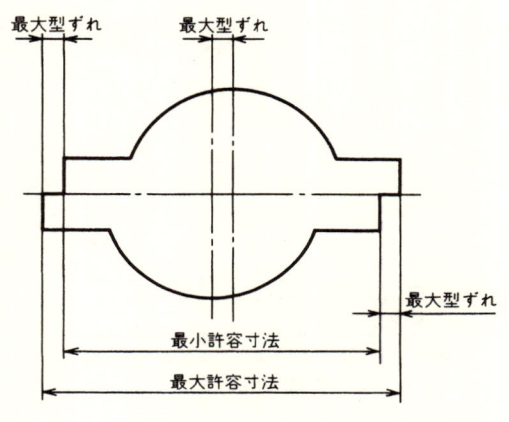

図4.6　型ずれ（JIS B 0403）

4.1.4 抜けこう配

模型を抜きやすくするために，模型に抜けこう配（draft angle）を付けて鋳型に反映させる。これには，外抜けこう配（external draft angle）及び/又は内抜けこう配（internal draft angle）を設ける（図4.7）。

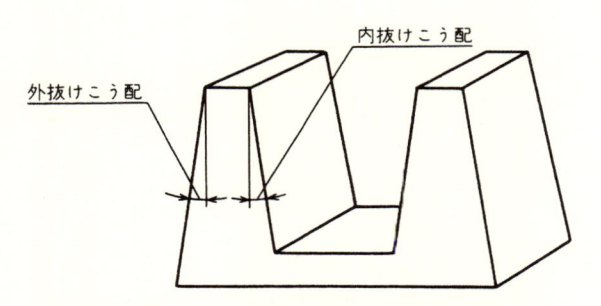

図4.7　外抜けこう配及び内抜けこう配（JIS B 0403）

ISO 8062は，抜けこう配が規定されていない。そこでJIS B 0403は，別規格で規定されていた抜けこう配を採用している（表4.5～表4.7）。

表4.5 鋳鉄品及び鋳鋼品の抜けこう配の普通許容値
(JIS B 0403)

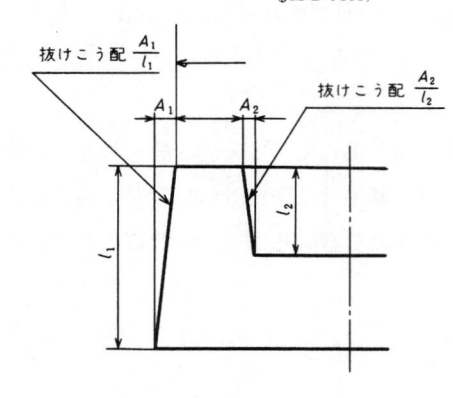

単位 mm

寸法区分 l		寸法 A (最大)
を超え	以下	
	16	1
16	40	1.5
40	100	2
100	160	2.5
160	250	3.5
250	400	4.5
400	630	6
630	1 000	9

備考 lは，図のl_1，l_2を意味する。
Aは，図のA_1，A_2を意味する。

表4.6 アルミニウム合金鋳物の抜けこう配の普通許容値
(JIS B 0403)

単位 度

抜けこう配の区分	外	内
砂型・金型鋳物	2	3

備考 この表の数値は，こう配部の長さ400 mm以下に適用する。

表4.7 ダイカストの抜けこう配の普通許容値
(JIS B 0403)

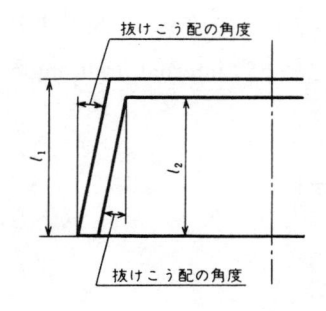

寸法区分 l (mm)		角度 (度)	
を超え	以下	アルミニウム合金	亜鉛合金
	3	10	6
3	10	5	3
10	40	3	2
40	160	2	1.5
160	630	1.5	1

備考 抜けこう配の角度は，左図による。

4.1.5 肉厚

型ずれや中子のずれなどで偏肉が起こることがある。そのため，肉厚（wall thickness）については，特に指定がある場合を除いて，CTの等級よりも1等級大きいものを適用する。例えば，CT8が指示されているときの肉厚の寸法公差はCT9とする。

特に肉厚を指定する必要がある場合には，図面の表題欄の中に，例えば，寸法公差：CT8，肉厚CT10のように記入する。寸法公差：JIS B 0403-CT8の指示は，自動的に肉厚の寸法公差はCT9となる。

肉厚の最小値は，同一の鋳造材料でもその種別によっても異なるし，合金鋳物の合金割合によっても最小肉厚が異なるので，これらを考慮に入れて肉厚の寸法公差を決定する必要がある。

4.1.6 要求する削りしろ

鋳放し鋳造品に削り加工を施す形体については，鋳造品の寸法公差の内側に要求する削りしろ（required machining allowance：RMA）が必要である。前加工を鋳造工場で行う場合には，この要求する削りしろをその加工面に残しておかなければならない。内製加工の場合には，要求する削りしろが鋳造品の寸法公差の公差域内に越境させている例があるが，国際化の時代にあっては，個々の規定公差域を守る必要がある。

要求する削りしろ（RMA）は，表4.8のとおりである。

表 4.8 要求する削りしろ（RMA）（JIS B 0403）

単位 mm

| 最大寸法 [1] || 要求する削り代 |||||||||
| を超え | 以下 | 削り代の等級 |||||||||
		A [2]	B [2]	C	D	E	F	G	H	J	K
—	40	0.1	0.1	0.2	0.3	0.4	0.5	0.5	0.7	1	1.4
40	63	0.1	0.2	0.3	0.3	0.4	0.5	0.7	1	1.4	2
63	100	0.2	0.3	0.4	0.5	0.7	1	1.4	2	2.8	4
100	160	0.3	0.4	0.5	0.8	1.1	1.5	2.2	3	4	6
160	250	0.3	0.5	0.7	1	1.4	2	2.8	4	5.5	8
250	400	0.4	0.7	0.9	1.3	1.8	2.5	3.5	5	7	10
400	630	0.5	0.8	1.1	1.5	2.2	3	4	6	9	12
630	1 000	0.6	0.9	1.2	1.8	2.5	3.5	5	7	10	14
1 000	1 600	0.7	1	1.4	2	2.8	4	5.5	8	11	16
1 600	2 500	0.8	1.1	1.6	2.2	3.2	4.5	6	9	13	18
2 500	4 000	0.9	1.3	1.8	2.5	3.5	5	7	10	14	20
4 000	6 300	1	1.4	2	2.8	4	5.5	8	11	16	22
6 300	10 000	1.1	1.5	2.2	3	4.5	6	9	12	17	24

[1] 削り加工後の鋳造品の最大寸法。
[2] 表4.8の等級A及びBは，特別な場合にだけ適用する。例えば，固定表面及びデータム面又はデータムターゲットに関して，大量生産方式で模型，鋳造方法及び削り加工方法を含め，受渡当事者間の協議による場合。

この要求する削りしろは，鋳造材料及び鋳造方法によって異なるので，表4.9の等級が推奨される。

表 4.9 要求する削りしろの等級 (JIS B 0403)

鋳造方法	要求する削り代の等級								
	鋳鋼	ねずみ鋳鉄	可鍛鋳鉄	球状黒鉛鋳鉄	銅合金	亜鉛合金	軽金属	ニッケル基合金	コバルト基合金
砂型鋳造手込め	G~K	F~H	F~H	F~H	F~H	F~H	F~H	G~K	G~K
砂型鋳造機械込め及びシェルモールド	F~H	E~G	E~G	E~G	E~G	E~G	E~G	F~H	F~H
金型鋳造（重力法及び低圧法）		D~F	D~F	D~F	D~F	D~F	D~F		
圧力ダイカスト					B~D	B~D	B~D		
インベストメント鋳造	E	E	E		E		E	E	E

備考 この附属書は，受渡当事者間の同意によって，この表に示されてない鋳造方法及び金属に対しても使用できる。

　一般に機械加工面は下型に鋳込むように設計するが，上型上面に加工面を設定しなければならない場合には，ひけ，酸化金属，気泡などが上面に集まるので，上面は削りしろを大きくとる。削りしろは，下面，側面，上面に従って順次大きくなる。

　参考 削りしろは，ISO 8062のほかに DIN 1680[2] がある。

4.1.7　公差域の位置

　公差域の位置は，特に指示がない限り，基準寸法に対して対称に置く。すなわち，公差値の二分の一を正（＋）の寸法許容差に，残りの二分の一を負（－）の寸法許容差にとる（図4.8）。ただし，受け渡し当事者間との合意によっては，基準寸法に対して非対称になるようにしてもよい。

4.1.8　*CT* 及び *RMA* の解釈

　鋳造品に JIS B 0403 を適用し，削り加工を施したときの公差域の解釈は，図4.8のとおりである。

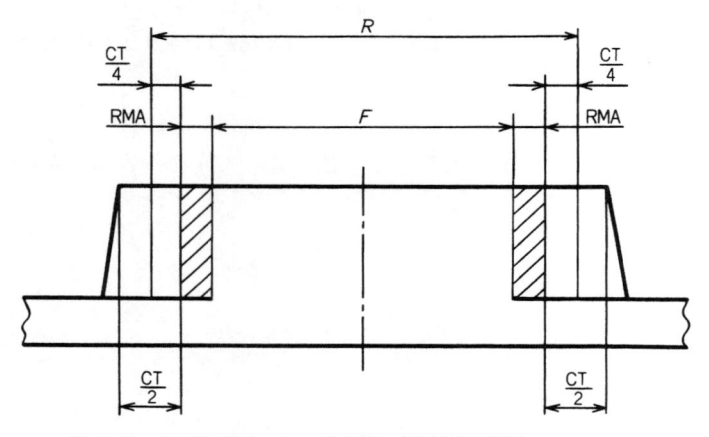

図 4.8　*CT* 及び *RMA* の公差域（軸対称形体）(JIS B 0403)

図4.8のような軸対称形体の場合，鋳放し鋳造品の基準寸法 R は鋳造公差等級を CT，仕上がり寸法を F，要求する削りしろ RMA とすると，次の関係が成り立つ。

$$R = F + 2 \times RMA + CT/2$$

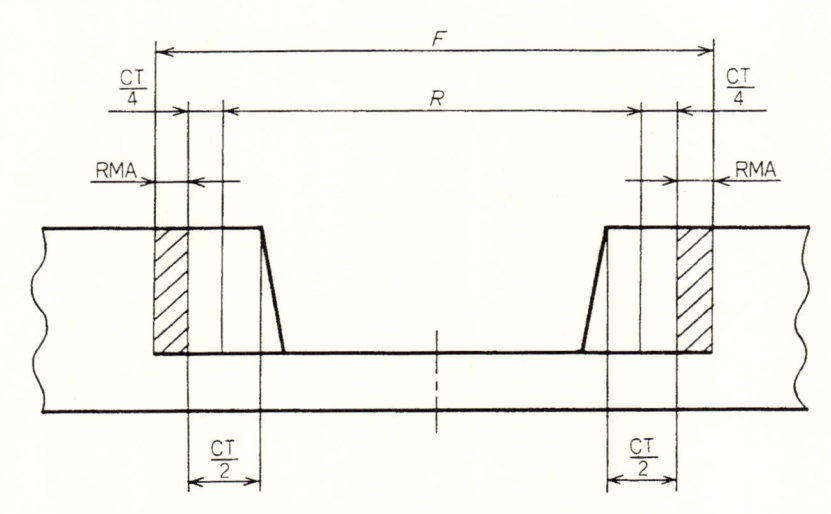

図4.9 CT 及び RMA の公差域（面対称形体）（JIS B 0403）

図4.9に示すような面対称形体は，鋳放し鋳造品の基準寸法 R は次の関係が成り立つ。

$$R = F - 2 \times RMA - CT/2$$

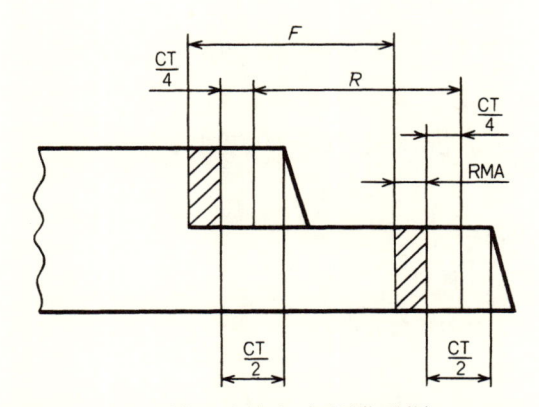

図4.10 片側形体の公差域（面対称形体）（JIS B 0403）

図4.10に示す片側だけの形体に対しては，次の関係が成り立つ。

$$R = F + RMA - RMA - CT/2 + CT/2 = F$$

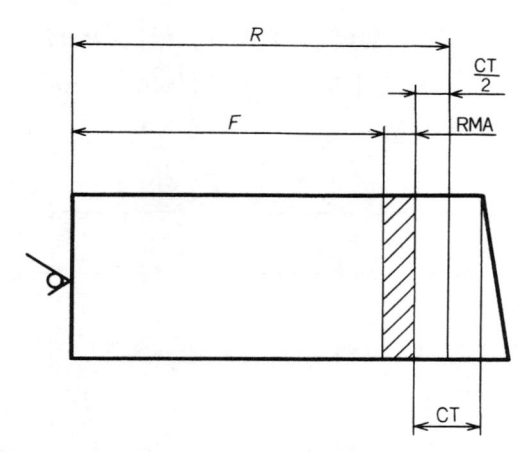

図4.11 一方の形体が削り加工面の場合の公差域 (JIS B 0403)

図4.11に示すような一方の形体が削り加工面で，他方が鋳放し形体の場合には，次の関係が成り立つ。

$$R = F + RMA + CT/2$$

4.1.9 図面指示方法

鋳放し鋳造品の普通寸法公差及び削りしろの図面への指示方法は，例えば，500 mm の鋳造品の普通寸法公差CT12で，削りしろの等級H（6 mm）の場合は，次のとおりである。

　例：JIS B 0403 − CT12 − RMA 6（H）

なお，特定の寸法に対しては，表4.1の数値列の中から数値を選んで寸法の後に直接にその数値を指示することができる。

等級の選択に当たっては，鋳造品の精度が次の要因で左右されるので，これらを考慮するのがよい。

① 鋳放し鋳造品の複雑さ
② 模型又はダイの形式・種類
③ 鋳造する金属又は合金の種類
④ 模型又はダイの状態
⑤ 鋳造作業方法

4.2　鋼の熱間型鍛造品公差（ハンマ及びプレス加工）

ハンマ及びプレスによる炭素鋼や合金鋼の熱間型鍛造品について，形体の普通公差を規定しているのがJIS B 0415である。この規格は，1975年から適用されているが，鍛造技術の進歩した

現在でも多くの鍛造品公差に採用されている。その理由としては，寸法の区分に加えて質量の区分，加工の難易度，形状の複雑度などを当時のドイツの実情を参考にしたことが伺われる。

4.2.1 公差決定の諸要素

公差決定の要素は，次のとおりである。

① 寸法（寸法の区分は表4.11及び表4.12参照）
② 質量（質量の区分は表4.11及び表4.12参照）
③ 材料による加工の難易度

　M1：炭素量が0.65％未満で，合金成分(Mn, Ni, Cr, Mo, V及びW)の合計が5％未満の鋼。

　M2：炭素量が0.65％以上で，合金成分(Mn, Ni, Cr, Mo, V及びW)の合計が5％以上の鋼。

これらは，JISで規定する許容最大含有量が適用される。

④ 形状の複雑度

　形状の複雑度(Sn)は，次の式で計算した値を4段階に区分して，表4.10のようにS1〜S4とする。ただし，式の全体の形状に対する質量（又は体積）は，鍛造品の最大寸法で包まれる全体の形状に対する質量（又は体積）である（図4.12及び図4.13）。

$$Sn = \frac{鍛造品の質量（又は体積）}{全体の形状に対する質量（又は体積）}$$

表4.10 形状の複雑度

S1	0.63を超え1以下
S2	0.32を超え0.63以下
S3	0.16を超え0.32以下
S4	0.16以下

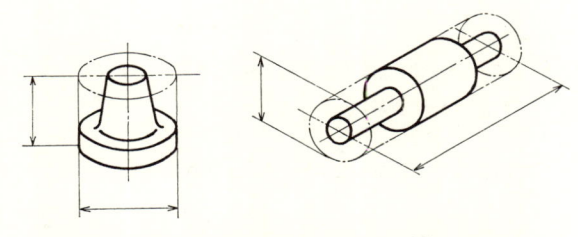

図4.12 円形の鍛造品が含まれる形状 (JIS B 0415)

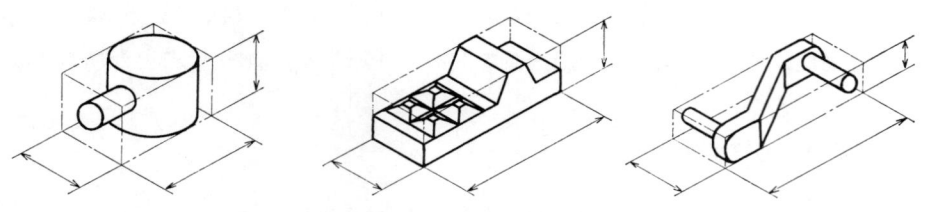

図 4.13 円形でない鍛造品が含まれる形状
(JIS B 0415)

⑤ 型割線の形状
- 平たん又は対称(図 4.14)
- 非対称(図 4.15)

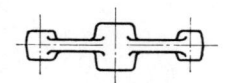

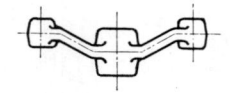

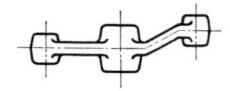

図 4.14 平たん又は対称の形状
(JIS B 0415)

図 4.15 非対称の形状
(JIS B 0415)

次に,特別な形状の鍛造品に対しては,公差決定の諸要素に次の要素も含めて公差を決定しなければならない。

① 薄いフランジをもつ鍛造品で,図 4.16 に示す記号を用いて,$e/d \leq 0.20$ の場合には,複雑度を S4 とし,質量は直径 d,厚さ e のフランジ部の質量を用いて公差を求める。ただし,4.2.1 項の手順によって求めた公差よりも小さいときは適用しない。

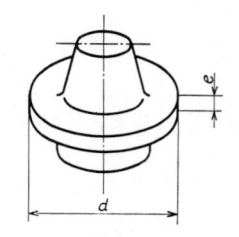

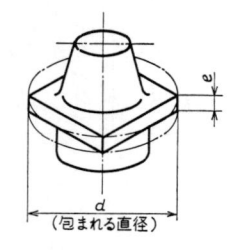

図 4.16 薄いフランジをもつ鍛造品が含まれる形状
(JIS B 0415)

② 高い突出部をもつ鍛造品で,突出部がその先端直径の 1.5 倍以上ある場合には,先端部までの最大寸法 h 以外の厚さ公差は,フランジの厚さ e と直径 d の 1.5 倍(図 4.17)を厚さの呼び寸法として公差を求める。

すなわち,
$$t = e + 1.5d$$

4.2 鋼の熱間型鍛造品公差(ハンマ及びプレス加工)   93

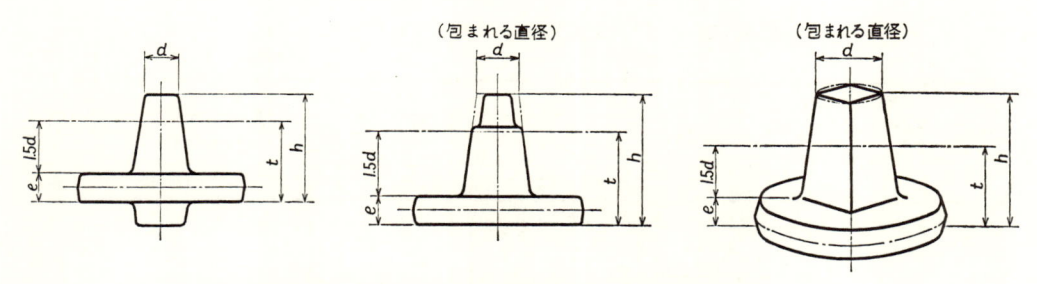

図 4.17 高い突出部をもつ鍛造品が含まれる形状 (JIS B 0415)

4.2.2 公差等級

公差等級は，精級及び並級の2等級である。

(1) 厚さの公差及び許容差の精級，並級（表 4.11，表 4.12）

表 4.11 厚さの公差及び許容差（精級）(JIS B 0415)

単位 mm

質量の区分 (kg)	材料による加工の難易度		形状の複雑度				呼び寸法の区分														
	M_1	M_2	S_1	S_2	S_3	S_4	16 以下		16 を超え 40 以下		40 を超え 63 以下		63 を超え 100 以下		100 を超え 160 以下		160 を超え 250 以下		250 を超えるもの	
							公差	許容差	公差	許容差	公差	許容差	公差	許容差	公差	許容差	公差	許容差	公差	許容差
0.4 以下							0.6	+0.4 −0.2	0.7	+0.5 −0.2	0.8	+0.5 −0.3	0.9	+0.6 −0.3	1	+0.7 −0.3	1.1	+0.7 −0.4	1.2	+0.8 −0.4
0.4 を超え 1.2 以下							0.7	+0.5 −0.2	0.8	+0.5 −0.3	0.9	+0.6 −0.3	1	+0.7 −0.3	1.1	+0.7 −0.4	1.2	+0.8 −0.4	1.4	+0.9 −0.5
1.2 を超え 2.5 以下							0.8	+0.5 −0.3	0.9	+0.6 −0.3	1	+0.7 −0.3	1.1	+0.7 −0.4	1.2	+0.8 −0.4	1.4	+0.9 −0.5	1.6	+1.1 −0.5
2.5 を超え 5 以下							0.9	+0.6 −0.3	1	+0.7 −0.3	1.1	+0.7 −0.4	1.2	+0.8 −0.4	1.4	+0.9 −0.5	1.6	+1.1 −0.5	1.8	+1.2 −0.6
5 を超え 8 以下							1	+0.7 −0.3	1.1	+0.7 −0.4	1.2	+0.8 −0.4	1.4	+0.9 −0.5	1.6	+1.1 −0.5	1.8	+1.2 −0.6	2	+1.3 −0.7
8 を超え 12 以下							1.1	+0.7 −0.4	1.2	+0.8 −0.4	1.4	+0.9 −0.5	1.6	+1.1 −0.5	1.8	+1.2 −0.6	2	+1.3 −0.7	2.2	+1.5 −0.7
12 を超え 20 以下							1.2	+0.8 −0.4	1.4	+0.9 −0.5	1.6	+1.1 −0.5	1.8	+1.2 −0.6	2	+1.3 −0.7	2.2	+1.5 −0.7	2.5	+1.7 −0.8
20 を超え 36 以下							1.4	+0.9 −0.5	1.6	+1.1 −0.5	1.8	+1.2 −0.6	2	+1.3 −0.7	2.2	+1.5 −0.7	2.5	+1.7 −0.8	2.8	+1.9 −0.9
36 を超え 63 以下							1.6	+1.1 −0.5	1.8	+1.2 −0.6	2	+1.3 −0.7	2.2	+1.5 −0.7	2.5	+1.7 −0.8	2.8	+1.9 −0.9	3.2	+2.1 −1.1
63 を超え 110 以下							1.8	+1.2 −0.6	2	+1.3 −0.7	2.2	+1.5 −0.7	2.5	+1.7 −0.8	2.8	+1.9 −0.9	3.2	+2.1 −1.1	3.6	+2.4 −1.2
110 を超え 200 以下							2	+1.3 −0.7	2.2	+1.5 −0.7	2.5	+1.7 −0.8	2.8	+1.9 −0.9	3.2	+2.1 −1.1	3.6	+2.4 −1.2	4	+2.7 −1.3
200 を超え 250 以下							2.2	+1.5 −0.7	2.5	+1.7 −0.8	2.8	+1.9 −0.9	3.2	+2.1 −1.1	3.6	+2.4 −1.2	4	+2.7 −1.3	4.5	+3 −1.5
							2.5	+1.7 −0.8	2.8	+1.9 −0.9	3.2	+2.1 −1.1	3.6	+2.4 −1.2	4	+2.7 −1.3	4.5	+3 −1.5	5	+3.3 −1.7
							2.8	+1.9 −0.9	3.2	+2.1 −1.1	3.6	+2.4 −1.2	4	+2.7 −1.3	4.5	+3 −1.5	5	+3.3 −1.7	5.6	+3.7 −1.9
							3.2	+2.1 −1.1	3.6	+2.4 −1.2	4	+2.7 −1.3	4.5	+3 −1.5	5	+3.3 −1.7	5.6	+3.7 −1.9	6.3	+4.2 −2.1
							3.6	+2.4 −1.2	4	+2.7 −1.3	4.5	+3 −1.5	5	+3.3 −1.7	5.6	+3.7 −1.9	6.3	+4.2 −2.1	7	+4.7 −2.3
							4	+2.7 −1.3	4.5	+3 −1.5	5	+3.3 −1.7	5.6	+3.7 −1.9	6.3	+4.2 −2.1	7	+4.7 −2.3	8	+5.3 −2.7

表 4.12 厚さの公差及び許容差（並級）（JIS B 0415）

単位 mm

質量の区分 (kg)	材料による加工の難易度		形状の複雑度				呼び寸法の区分													
	M_1	M_2	S_1	S_2	S_3	S_4	16 以下		16を超え 40 以下		40を超え 63 以下		63を超え 100 以下		100を超え 160 以下		160を超え 250 以下		250を超えるもの	
							公差	許容差	公差	許容差	公差	許容差	公差	許容差	公差	許容差	公差	許容差	公差	許容差
0.4 以下							1	+0.7/−0.3	1.1	+0.7/−0.4	1.2	+0.8/−0.4	1.4	+0.9/−0.5	1.6	+1.1/−0.5	1.8	+1.2/−0.6	2	+1.3/−0.7
0.4 を超え 1.2 以下							1.1	+0.7/−0.4	1.2	+0.8/−0.4	1.4	+0.9/−0.5	1.6	+1.1/−0.5	1.8	+1.2/−0.6	2	+1.3/−0.7	2.2	+1.5/−0.7
1.2 を超え 2.5 以下							1.2	+0.8/−0.4	1.4	+0.9/−0.5	1.6	+1.1/−0.5	1.8	+1.2/−0.6	2	+1.3/−0.7	2.2	+1.5/−0.7	2.5	+1.7/−0.8
2.5 を超え 5 以下							1.4	+0.9/−0.5	1.6	+1.1/−0.5	1.8	+1.2/−0.6	2	+1.3/−0.7	2.2	+1.5/−0.7	2.5	−1.7/−0.8	2.8	+1.9/−0.9
5 を超え 8 以下							1.6	+1.1/−0.5	1.8	+1.2/−0.6	2	+1.3/−0.7	2.2	+1.5/−0.7	2.5	+1.7/−0.8	2.8	+1.9/−0.9	3.2	+2.1/−1.1
8 を超え 12 以下							1.8	+1.2/−0.6	2	+1.3/−0.7	2.2	+1.5/−0.7	2.5	+1.7/−0.8	2.8	+1.9/−0.9	3.2	+2.1/−1.1	3.6	+2.4/−1.2
12 を超え 20 以下							2	+1.3/−0.7	2.2	+1.5/−0.7	2.5	+1.7/−0.8	2.8	+1.9/−0.9	3.2	+2.1/−1.1	3.6	+2.4/−1.2	4	+2.7/−1.3
20 を超え 36 以下							2.2	+1.5/−0.7	2.5	+1.7/−0.8	2.8	+1.9/−0.9	3.2	+2.1/−1.1	3.6	+2.4/−1.2	4	+2.7/−1.3	4.5	+3/−1.5
36 を超え 63 以下							2.5	+1.7/−0.8	2.8	+1.9/−0.9	3.2	+2.1/−1.1	3.6	+2.4/−1.2	4	+2.7/−1.3	4.5	+3/−1.5	5	+3.3/−1.7
63 を超え 110 以下							2.8	+1.9/−0.9	3.2	+2.1/−1.1	3.6	+2.4/−1.2	4	+2.7/−1.3	4.5	+3/−1.5	5	+3.3/−1.7	5.6	+3.7/−1.9
110 を超え 200 以下							3.2	+2.1/−1.1	3.6	+2.4/−1.2	4	+2.7/−1.3	4.5	+3/−1.5	5	+3.3/−1.7	5.6	+3.7/−1.9	6.3	+4.2/−2.1
200 を超え 250 以下							3.6	+2.4/−1.2	4	+2.7/−1.3	4.5	+3/−1.5	5	+3.3/−1.7	5.6	+3.7/−1.9	6.3	+4.2/−2.1	7	+4.7/−2.3
							4	+2.7/−1.3	4.5	+3/−1.5	5	+3.3/−1.7	5.6	+3.7/−1.9	6.3	+4.2/−2.1	7	+4.7/−2.3	8	+5.3/−2.7
							4.5	+3/−1.5	5	+3.3/−1.7	5.6	+3.7/−1.9	6.3	+4.2/−2.1	7	+4.7/−2.3	8	+5.3/−2.7	9	+6/−3
							5	+3.3/−1.7	5.6	+3.7/−1.9	6.3	+4.2/−2.1	7	+4.7/−2.3	8	+5.3/−2.7	9	+6/−3	10	+6.7/−3.3
							5.6	+3.7/−1.9	6.3	+4.2/−2.1	7	+4.7/−2.3	8	+5.3/−2.7	9	+6/−3	10	+6.7/−3.3	11	+7.3/−3.7
							6.3	+4.2/−2.1	7	+4.7/−2.3	8	+5.3/−2.7	9	+6/−3	10	+6.7/−3.3	11	+7.3/−3.7	12	+8/−4

　これらの表の読み方は，次のとおりである．

　鍛造品の質量から，左端列の質量の区分を特定し，次に横線に沿って第2列目の材料による加工の難易度が M1 の場合にはそのまま横線を右へたどる．M2 の場合には，斜めに下がる線に沿って M2 のたて線との交点まで下がってから横線を右へたどる．すなわち，M2 の場合には，2段下のものを用いることになる．

　形状の複雑度も同じように S1 の場合にはそのまま横線を右へ，S2 の場合には斜めに下がる線に沿って S2 のたて線との交点まで下がってから横線を右へたどる．すなわち，S2 の場合には1段，S4 の場合には3段下のものを用いることになる．

　さらに右へたどり，呼び寸法の区分に該当する厚さ寸法の欄で交わる数値が求める厚さの公差及び許容差である．ここで，呼び寸法は，厚さの最大寸法を用いなければならない．

4.2 鋼の熱間型鍛造品公差(ハンマ及びプレス加工)

質量 4.5 kg の A 部品, 質量 6.7 kg の B 部品の公差及び許容差の求め方を表 4.13 に示す。

表 4.13 公差及び許容差の求め方の例 (JIS B 0415)

質量の区分 (kg)	材料による加工の難易度 M_1 M_2	形状の複雑度 S_1 S_2 S_3 S_4	呼び寸法の区分	
			16 を超え 40 以下	40 を超え 63 以下
A 部品→ 2.5 を超え 5 以下			$1.6 ^{+1.1}_{-0.5}$	
B 部品→ 5 を超え 8 以下				
				$2.8 ^{+1.9}_{-0.9}$

(2) 長さ，幅及び高さの公差及び許容差の精級，並級（表4.14, 表4.15）

表4.14 長さ，幅及び高さの公差及び許容差（精級）(JIS B 0415)

単位 mm

質量の区分 (kg)	材料による加工の難易度 M₁ M₂	形状の複雑度 S₁ S₂ S₃ S₄	呼び寸法の区分																
			32 以下		32を超え 100以下		100を超え 160以下		160を超え 250以下		250を超え 400以下		400を超え 630以下		630を超え 1000以下		1000を超え 1600以下		1600を超え 2500以下	
			公差	許容差	公差	許容差	公差	許容差	公差	許容差	公差	許容差	公差	許容差	公差	許容差	公差	許容差	公差	許容差
0.4 以下			0.7	+0.5/−0.2	0.8	+0.5/−0.3	0.9	+0.6/−0.3	1	+0.7/−0.3	1.1	+0.7/−0.4	—		—		—		—	
0.4を超え 1以下			0.8	+0.5/−0.3	0.9	+0.6/−0.3	1	+0.7/−0.3	1.1	+0.7/−0.4	1.2	+0.8/−0.4	1.4	+0.9/−0.5	—		—		—	
1を超え 1.8以下			0.9	+0.6/−0.3	1	+0.7/−0.3	1.1	+0.7/−0.4	1.2	+0.8/−0.4	1.4	+0.9/−0.5	1.6	+1.1/−0.5	1.8	+1.2/−0.6	—		—	
1.8を超え 3.2以下			1	+0.7/−0.3	1.1	+0.7/−0.4	1.2	+0.8/−0.4	1.4	+0.9/−0.5	1.6	+1.1/−0.5	1.8	+1.2/−0.6	2	+1.3/−0.7	2.2	+1.5/−0.7	—	
3.2を超え 5.6以下			1.1	+0.7/−0.4	1.2	+0.8/−0.4	1.4	+0.9/−0.5	1.6	+1.1/−0.5	1.8	+1.2/−0.6	2	+1.3/−0.7	2.2	+1.5/−0.7	2.5	+1.7/−0.8	2.8	+1.9/−0.9
5.6を超え 10以下			1.2	+0.8/−0.4	1.4	+0.9/−0.5	1.6	+1.1/−0.5	1.8	+1.2/−0.6	2	+1.3/−0.7	2.2	+1.5/−0.7	2.5	+1.7/−0.8	2.8	+1.9/−0.9	3.2	+2.1/−1.1
10を超え 20以下			1.4	+0.9/−0.5	1.6	+1.1/−0.5	1.8	+1.2/−0.6	2	+1.3/−0.7	2.2	+1.5/−0.7	2.5	+1.7/−0.8	2.8	+1.9/−0.9	3.2	+2.1/−1.1	3.6	+2.4/−1.2
20を超え 50以下			1.6	+1.1/−0.5	1.8	+1.2/−1.6	2	+1.3/−0.7	2.2	+1.5/−0.7	2.5	+1.7/−0.8	2.8	+1.9/−0.9	3.2	+2.1/−1.1	3.6	+2.4/−1.2	4	+2.7/−1.3
50を超え 120以下			1.8	+1.2/−0.6	2	+1.3/−0.7	2.2	+1.5/−0.7	2.5	+1.7/−0.8	2.8	+1.9/−0.9	3.2	+2.1/−1.1	3.6	+2.4/−1.2	4	+2.7/−1.3	4.5	+3/−1.5
120を超え 250以下			2	+1.3/−0.7	2.2	+1.5/−0.7	2.5	+1.7/−0.8	2.8	+1.9/−0.9	3.2	+2.1/−1.1	3.6	+2.4/−1.2	4	+2.7/−1.3	4.5	+3/−1.5	5	+3.3/−1.7
			2.2	+1.5/−0.7	2.5	+1.7/−0.8	2.8	+1.9/−0.9	3.2	+2.1/−1.1	3.6	+2.4/−1.2	4	+2.7/−1.3	4.5	+3/−1.5	5	+3.3/−1.7	5.6	+3.7/−1.9
			2.5	+1.7/−0.8	2.8	+1.9/−0.9	3.2	+2.1/−1.1	3.6	+2.4/−1.2	4	+2.7/−1.3	4.5	+3/−1.5	5	+3.3/−1.7	5.6	+3.7/−1.9	6.3	+4.2/−2.1
			2.8	+1.9/−0.9	3.2	+2.1/−1.1	3.6	+2.4/−1.2	4	+2.7/−1.3	4.5	+3/−1.5	5	+3.3/−1.7	5.6	+3.7/−1.9	6.3	+4.2/−2.1	7	+4.7/−2.3
			3.2	+2.1/−1.1	3.6	+1.4/−1.2	4	+2.7/−1.3	4.5	+3/−1.5	5	+3.3/−1.7	5.6	+3.7/−1.9	6.3	+4.2/−2.1	7	+4.7/−2.3	8	+5.3/−2.7
			3.6	+2.4/−1.2	4	+2.7/−1.3	4.5	+3/−1.5	5	+3.3/−1.7	5.6	+3.7/−1.9	6.3	+4.2/−2.1	7	+4.7/−2.3	8	+5.3/−2.7	9	+6/−3

4.2 鋼の熱間型鍛造品公差(ハンマ及びプレス加工)

表 4.15 長さ，幅及び高さの公差及び許容差（並級）(JIS B 0415)

単位 mm

質量の区分 (kg)	材料による加工の難易度 M₁ M₂	形状の複雑度 S₁ S₂ S₃ S₄	呼び寸法の区分															
			32 以下		32を超え 100以下		100を超え 160以下		160を超え 250以下		250を超え 400以下		400を超え 630以下		630を超え 1000以下		1000を超え 1600以下		1600を超え 2500以下	
			公差	許容差	公差	許容差	公差	許容差	公差	許容差	公差	許容差	公差	許容差	公差	許容差	公差	許容差	公差	許容差
0.4 以下			1.1	+0.7/−0.4	1.2	+0.8/−0.4	1.4	+0.9/−0.5	1.6	+1.1/−0.5	1.8	+1.2/−0.6	2	+1.3/−0.7	—		—		—	
0.4を超え 1以下			1.2	+0.8/−0.4	1.4	+0.9/−0.5	1.6	+1.1/−0.5	1.8	+1.2/−0.6	2	+1.3/−0.7	2.2	+1.5/−0.7	—		—		—	
1を超え 1.8以下			1.4	+0.9/−0.5	1.6	+1.1/−0.5	1.8	+1.2/−0.6	2	+1.3/−0.7	2.2	+1.5/−0.7	2.5	+1.7/−0.8	2.8	+1.9/−0.9	—		—	
1.8を超え 3.2以下			1.6	+1.1/−0.5	1.8	+1.2/−0.6	2	+1.3/−0.7	2.2	+1.5/−0.7	2.5	+1.7/−0.8	2.8	+1.9/−0.9	3.2	+2.1/−1.1	3.6	+2.4/−1.2	—	
3.2を超え 5.6以下			1.8	+1.2/−0.6	2	+1.3/−0.7	2.2	+1.5/−0.7	2.5	+1.7/−0.8	2.8	+1.9/−0.9	3.2	+2.1/−1.1	3.6	+2.4/−1.2	4	+2.7/−1.3	4.5	+3/−1.5
5.6を超え 10以下			2	+1.3/−0.7	2.2	+1.5/−0.7	2.5	+1.7/−0.8	2.8	+1.9/−0.9	3.2	+2.1/−1.1	3.6	+2.4/−1.2	4	+2.7/−1.3	4.5	+3/−1.5	5	+3.3/−1.7
10を超え 20以下			2.2	+1.5/−0.7	2.5	+1.7/−0.8	2.8	+1.9/−0.9	3.2	+2.1/−1.1	3.6	+2.4/−1.2	4	+2.7/−1.3	4.5	+3/−1.5	5	+3.3/−1.7	5.6	+3.7/−1.9
20を超え 50以下			2.5	+1.7/−0.8	2.8	+1.9/−0.9	3.2	+2.1/−1.1	3.6	+2.4/−1.2	4	+2.7/−1.3	4.5	+3/−1.5	5	+3.3/−1.7	5.6	+3.7/−1.9	6.3	+4.2/−2.1
50を超え 120以下			2.8	+1.9/−0.9	3.2	+2.1/−1.1	3.6	+2.4/−1.2	4	+2.7/−1.3	4.5	+3/−1.5	5	+3.3/−1.7	5.6	+3.7/−1.9	6.3	+4.2/−2.1	7	+4.7/−2.3
120を超え 250以下			3.2	+2.1/−1.1	3.6	+2.4/−1.2	4	+2.7/−1.3	4.5	+3/−1.5	5	+3.3/−1.7	5.6	+3.7/−1.9	6.3	+4.2/−2.1	7	+4.7/−2.3	8	+5.3/−2.7
			3.6	+2.4/−1.2	4	+2.7/−1.3	4.5	+3/−1.5	5	+3.3/−1.7	5.6	+3.7/−1.9	6.3	+4.2/−2.1	7	+4.7/−2.3	8	+5.3/−2.7	9	+6/−3
			4	+2.7/−1.3	4.5	+3/−1.5	5	+3.3/−1.7	5.6	+3.7/−1.9	6.3	+4.2/−2.1	7	+4.7/−2.3	8	+5.3/−2.7	9	+6/−3	10	+6.7/−3.3
			4.5	+3/−1.5	5	+3.3/−1.7	5.6	+3.7/−1.9	6.3	+4.2/−2.1	7	+4.7/−2.3	8	+5.3/−2.7	9	+6/−3	10	+6.7/−3.3	11	+7.3/−3.7
			5	+3.3/−1.7	5.6	+3.7/−1.9	6.3	+4.2/−2.1	7	+4.7/−2.3	8	+5.3/−2.7	9	+6/−3	10	+6.7/−3.3	11	+7.3/−3.7	12	+8/−4
			5.6	+3.7/−1.9	6.3	+4.2/−2.1	7	+4.7/−2.3	8	+5.3/−2.7	9	+6/−3	10	+6.7/−3.3	11	+7.3/−3.7	12	+8/−4	14	+9.3/−4.7

備考 1. 中心から一つの面までの寸法の許容差及び一つの金型内の段の寸法の許容差は，その寸法公差の $+\frac{1}{3}$，$-\frac{1}{3}$ とする。
2. 内側寸法の公差は，＋と－を逆にする。
3. せん断端部の変形がある場合の長さは，せん断によってできたこう配の短かい側をとる。

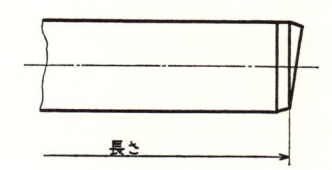

(3) 心間寸法

鍛造品の輪郭内にある二つの中心を結ぶ線を心間寸法といい（図4.18），図4.19のような例は心間寸法として扱わない。

心間寸法の許容差は，表4.16による。

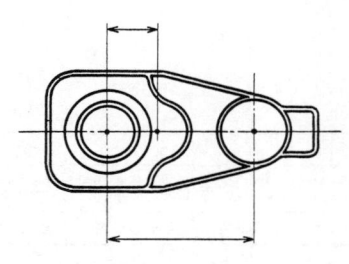

図 4.18 心間寸法の例 (JIS B 0415)

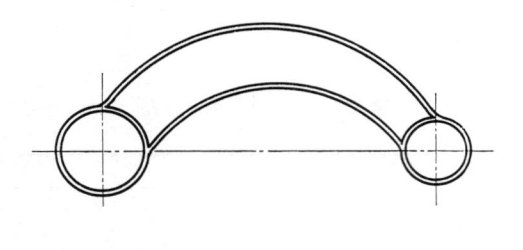

図 4.19 心間寸法を適用しない例 (JIS B 0415)

表 4.16 心間寸法の許容差 (JIS B 0415)

単位 mm

呼び寸法の区分		100以下	100を超え160以下	160を超え200以下	200を超え250以下	250を超え315以下	315を超え400以下	400を超え500以下	500を超え630以下	630を超え800以下	800を超え1000以下	1000を超え1250以下	1250を超え1600以下	1600を超え2000以下	2000を超え2500以下
等級	精	±0.25	±0.3	±0.4	±0.5	±0.6	±0.8	±1	±1.2	±1.6	±2	±2.5	±3.2	±4	±5
	並	±0.3	±0.4	±0.5	±0.6	±0.8	±1	±1.2	±1.6	±2	±2.5	±3.2	±4	±5	±6.4

備 考 1. 図4.19のような形状の場合には,当事者間で許容差を協定する。
　　　2. この許容差は,ほかの公差とは別個に適用する。

(4) 丸み半径の許容差

かどの丸み及び隅の丸み半径の許容差は,表 4.17 による。

表 4.17 丸み半径の許容差 (JIS B 0415)

単位 mm

呼び寸法の区分 (r)	10 以下	10を超え32以下	32を超え100以下	100を超えるもの
許容差	$+0.5 \times r$ $-0.25 \times r$	$+0.4 \times r$ $-0.2 \times r$	$+0.32 \times r$ $-0.15 \times r$	$+0.25 \times r$ $-0.1 \times r$

(5) 抜けこう配の角度の許容差

抜けこう配の角度の許容差は,表 4.18 による。

表 4.18 抜けこう配の角度の許容差 (JIS B 0415)

単位 度

角度の区分	5	7	10
許容差		$+2$ -1	

(6) 型ずれの許容値

型ずれの許容値は,表 4.19 による。

4.2 鋼の熱間型鍛造品公差（ハンマ及びプレス加工）

表 4.19 型ずれの許容値（JIS B 0415）

単位 mm

型割線	等級	質量の区分 (kg) 0.4 以下	0.4 を超え 1 以下	1 を超え 1.8 以下	1.8 を超え 3.2 以下	3.2 を超え 5.6 以下	5.6 を超え 10 以下	10 を超え 20 以下	20 を超え 50 以下	50 を超え 120 以下	120 を超え 250 以下
平たん又は対称	精	0.3	0.3	0.4	0.4	0.5	0.6	0.7	0.8	1	1.2
	並	0.4	0.5	0.6	0.7	0.8	1	1.2	1.4	1.7	2
非対称	精	0.3	0.4	0.4	0.5	0.6	0.7	0.8	1	1.2	1.4
	並	0.5	0.6	0.7	0.8	1	1.2	1.4	1.7	2	2.4

備考　この許容値は，ほかの公差とは別個に適用する。

(7) そりの許容値

加熱後の内部応力，変形によるそりの許容値は，表 4.20 による。
このそりは，全長に対する最大高さで表される（図 4.20）。

表 4.20 そりの許容値（JIS B 0415）

単位 mm

呼び寸法の区分		100 以下	100 を超え 125 以下	125 を超え 160 以下	160 を超え 200 以下	200 を超え 250 以下	250 を超え 315 以下	315 を超え 400 以下	400 を超え 500 以下	500 を超え 630 以下	630 を超え 800 以下	800 を超え 1000 以下	1000 を超え 1250 以下	1250 を超え 1600 以下	1600 を超え 2000 以下	2000 を超え 2500 以下
等級	精	0.4	0.5	0.5	0.6	0.6	0.7	0.8	0.9	1	1.1	1.2	1.4	1.6	1.8	2
	並	0.6	0.7	0.8	0.9	1	1.1	1.2	1.4	1.6	1.8	2	2.2	2.5	2.8	3.2

備考　この許容値は，ほかの公差とは別個に適用する。

全長を呼び寸法とする。

図 4.20 そり（JIS B 0415）

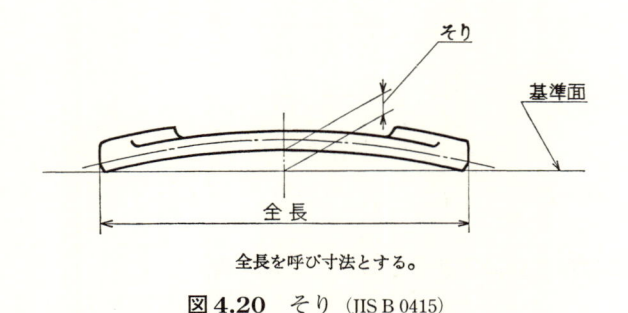

(8) 深穴の偏りの許容値

深穴の偏りの許容値，"穴の深さ × 0.005" とし，型ずれの並級の許容値に加算して適用する。

(9) ばり残り，ばりかじりの許容値

ばり残り，ばりかじりの許容値は，表 4.21 による。

表 4.21 ばり残り，ばりかじりの許容値 (JIS B 0415)

単位 mm

型割線	質量の区分 (kg) 等級	0.4 以下	0.4を超え 1 以下	1を超え 1.8 以下	1.8を超え 3.2 以下	3.2を超え 5.6 以下	5.6を超え 10 以下	10を超え 20 以下	20を超え 50 以下	50を超え 120 以下	120を超え 250 以下
平たん又は対称	精	0.3	0.4	0.4	0.5	0.6	0.7	0.8	1	1.2	1.4
	並	0.5	0.6	0.7	0.8	1	1.2	1.4	1.7	2	2.4
非対称	精	0.4	0.4	0.5	0.6	0.7	0.8	1	1.2	1.4	1.7
	並	0.6	0.7	0.8	1	1.2	1.4	1.7	2	2.4	2.8

備考 この許容値は，ほかの公差とは別個に適用する。

(10) ばりかえりの許容値

ばりかえりの許容値は，表 4.22 による。

なお，ばりかえりは，図 4.21 の a 及び b 寸法である。

表 4.22 ばりかえりの許容値 (JIS B 0415)

単位 mm

質量の区分 (kg)		1 以下	1を超え 6 以下	6を超え 40 以下	40を超え 250 以下
許容値	a	1	1.6	2.5	4
	b	0.5	0.8	1.2	2

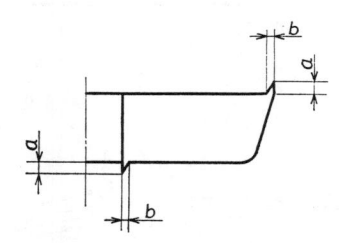

図 4.21 ばりかえり (JIS B 0415)

(11) エジェクタ跡の深さ又は浮き出しの高さの許容値

エジェクタ跡の深さ又は浮き出しの高さの許容値は，表 4.23 による。

表 4.23 エジェクタ跡の深さ又は浮き出しの高さの許容値 (JIS B 0415)

単位 mm

質量の区分 (kg)	0.4 以下	0.4を超え 1.2 以下	1.2を超え 2.5 以下	2.5を超え 5 以下	5を超え 8 以下	8を超え 12 以下	12を超え 20 以下	20を超え 36 以下	36を超え 63 以下	63を超え 110 以下	110を超え 200 以下	200を超え 250 以下
許容値	1	1.2	1.6	2	2.4	3.2	4	5	6.4	8	10	12.6

備考 この許容値は，ほかの公差とは別個に適用する。

（12）表面はだあれの許容値

表面はだあれの許容値は，表4.24による。

表 4.24 表面はだあれの許容値 (JIS B 0415)

単位 mm

表面はだあれの区分	機械加工面	黒 皮 面
許 容 値	（加工しろ）×$\frac{1}{2}$	（厚さの公差）×$\frac{1}{3}$

（13）せん断端部の変形の許容値

せん断端部の変形の許容値は，表4.25による。

せん断による端部の変形は，図4.22のa，b及びθである。

表 4.25 せん断端部の変形の許容値 (JIS B 0415)

単位 mm

素材径の区分 (d)		36 以下	36 を超えるもの
許容値	a	$0.07 \times d$	$0.05 \times d$
	b	$1 \times d$	$0.7 \times d$
	θ	7° 以下	

備 考 この許容値は，ほかの公差とは別個に適用する。

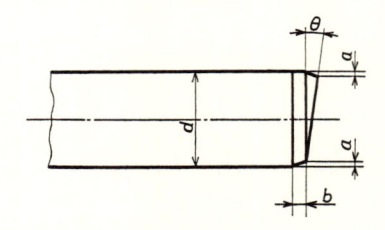

図 4.22 せん断端部の変形 (JIS B 0415)

（14）素材部の局部的変形の許容差

局部的に変形した部分（図4.23）の素材径の許容差は，表4.14及び表4.15に規定する素材径に相当する呼び寸法に適用する並級の許容差と同じとする。

また，その部分の長さは，素材径dの1.5倍で100 mmを限度とする。

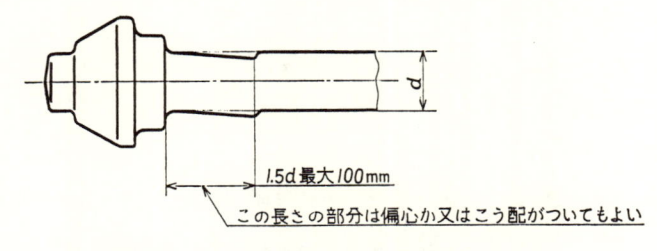

図 4.23 局部的に変形した部分 (JIS B 0415)

4.3 鋼の熱間型鍛造品公差（アプセッタ加工）

アプセッタによる炭素鋼及び合金鋼のすえ込鍛造品の寸法公差及び寸法許容差については，JIS B 0416に規定されている。

4.3.1 公差決定の諸要素
公差決定の要素は，次のとおりである。
(1) 寸法
(2) 質量
すえ込部の正味質量。ただし，長さの公差を求める場合の質量は，図4.24及び図4.25に示すように素材部も含めた全質量とする。

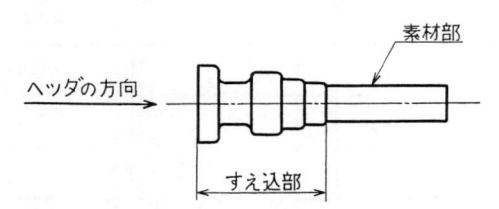

図4.24 片側すえ込鍛造品の例 （JIS B 0416）

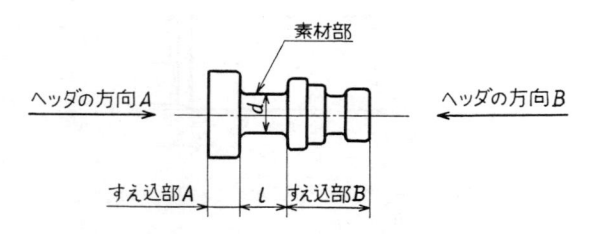

$l≧d$ の場合には $A \cdot B$ 個々の鍛造品として公差を適用する。
$l<d$ の場合には一つの鍛造品として公差を適用する。

図4.25 両側すえ込鍛造品の例 （JIS B 0416）

(3) 材料による加工の難易度
　M1：炭素量が0.65％未満で，合金成分（Mn, Ni, Cr, Mo, V及びW）の合計が5％未満の鋼。
　M2：炭素量が0.65％以上で，合金成分（Mn, Ni, Cr, Mo, V及びW）の合計が5％以上の鋼。
これらは，JISで規定する許容最大含有量が適用される。
(4) 形状の複雑度
形状の複雑度（Sn）は，次の式で計算した値を4段階に区分して，表4.26のようにS1〜S4とする。ただし，式の全体の形状に対する質量（又は体積）は，鍛造品の最大寸法で包まれる全体

の形状に対する質量（又は体積）である（図 4.26 及び図 4.27）。

$$\mathrm{Sn} = \frac{鍛造品の質量（又は体積）}{全体の形状に対する質量（又は体積）}$$

表 4.26 形状の複雑度

S1	0.63 を超え 1 以下
S2	0.32 を超え 0.63 以下
S3	0.16 を超え 0.32 以下
S4	0.16 以下

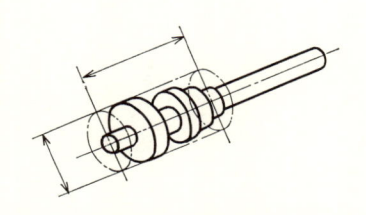

図 4.26 円形の鍛造品が含まれる形状
(JIS B 0416)

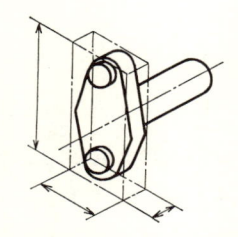

図 4.27 円形でない鍛造品が含まれる形状
(JIS B 0416)

次に，特別な形状の鍛造品に対しては，公差決定の諸要素に次の要素も含めて公差を決定しなければならない。

① 薄いフランジ又は細長い円柱のある鍛造品で，図 4.28 に示す記号を用いて，$e/d \leqq 0.20$ 又は $e/d > 2$ の場合には，複雑度を S4 とし，質量は直径 d，厚さ e のフランジ部又は円柱部の質量を用いて公差を求める。ただし，4.3.1 項の手順によって求めた公差よりも小さいときは適用しない。

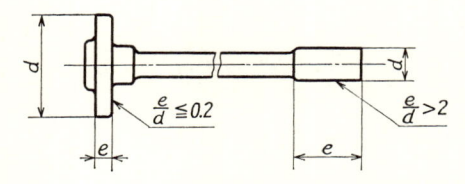

図 4.28 薄いフランジ又は細長い円柱をもつ鍛造品が含まれる形状
(JIS B 0416)

② 高い突出部をもつ鍛造品で，突出部がその先端直径の 1.5 倍以上ある場合には，先端部までの最大寸法 h 以外の厚さ公差は，フランジの厚さ e と直径 d の 1.5 倍（図 4.29）を厚さの呼び寸法として公差を求める。

すなわち,

$$t = e + 1.5d$$

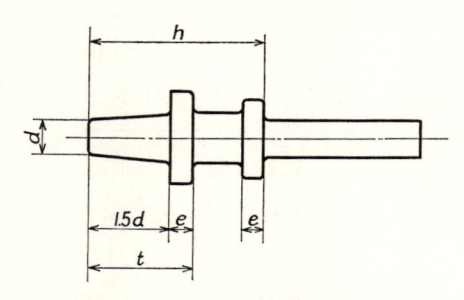

図 4.29 高い突出部をもつ鍛造品が含まれる形状
(JIS B 0416)

4.3.2 公差等級

公差等級は,精級及び並級の2等級である。

(1) 厚さの公差及び許容差（表4.27）

表の読み方は,表4.13による。

(2) 直径,段の寸法,長さの公差及び許容差（表4.28）

4.3 鋼の熱間鍛造品公差（アプセッタ加工）

表 4.27 厚さの公差及び許容差 （JIS B 0416）

単位 mm

質量の区分 (kg)	材料による加工の難易度		形状の複雑度				呼び寸法の区分														
	M_1	M_2	S_1	S_2	S_3	S_4	16 以下		16を超え 40 以下		40を超え 63 以下		63を超え 100 以下		100を超え 160 以下		160を超え 250 以下		250を超えるもの	
							公差	許容差	公差	許容差	公差	許容差	公差	許容差	公差	許容差	公差	許容差	公差	許容差
0.4 以下							1	+0.7 / −0.3	1.1	+0.7 / −0.4	1.2	+0.8 / −0.4	1.4	+0.9 / −0.5	1.6	+1.1 / −0.5	1.8	+1.2 / −0.6	2	+1.3 / −0.7
0.4を超え 1.2 以下							1.1	+0.7 / −0.4	1.2	+0.8 / −0.4	1.4	+0.9 / −0.5	1.6	+1.1 / −0.5	1.8	+1.2 / −0.6	2	+1.3 / −0.7	2.2	+1.5 / −0.7
1.2を超え 2.5 以下							1.2	+0.8 / −0.4	1.4	+0.9 / −0.5	1.6	+1.1 / −0.5	1.8	+1.2 / −0.6	2	+1.3 / −0.7	2.2	+1.5 / −0.7	2.5	+1.7 / −0.8
2.5を超え 5 以下							1.4	+0.9 / −0.5	1.6	+1.1 / −0.5	1.8	+1.2 / −0.6	2	+1.3 / −0.7	2.2	+1.5 / −0.7	2.5	−1.7 / −0.8	2.8	+1.9 / −0.9
5を超え 8 以下							1.6	+1.1 / −0.5	1.8	+1.2 / −0.6	2	+1.3 / −0.7	2.2	+1.5 / −0.7	2.5	+1.7 / −0.8	2.8	+1.9 / −0.9	3.2	+2.1 / −1.1
8を超え 12 以下							1.8	+1.2 / −0.6	2	+1.3 / −0.7	2.2	+1.5 / −0.7	2.5	+1.7 / −0.8	2.8	+1.9 / −0.9	3.2	+2.1 / −1.1	3.6	+2.4 / −1.2
12を超え 20 以下							2	+1.3 / −0.7	2.2	+1.5 / −0.7	2.5	+1.7 / −0.8	2.8	+1.9 / −0.9	3.2	+2.1 / −1.1	3.6	+2.4 / −1.2	4	+2.7 / −1.3
20を超え 36 以下							2.2	+1.5 / −0.7	2.5	+1.7 / −0.8	2.8	+1.9 / −0.9	3.2	+2.1 / −1.1	3.6	+2.4 / −1.2	4	+2.7 / −1.3	4.5	+3 / −1.5
36を超え 63 以下							2.5	+1.7 / −0.8	2.8	+1.9 / −0.9	3.2	+2.1 / −1.1	3.6	+2.4 / −1.2	4	+2.7 / −1.3	4.5	+3 / −1.5	5	+3.3 / −1.7
63を超え 110 以下							2.8	+1.9 / −0.9	3.2	+2.1 / −1.1	3.6	+2.4 / −1.2	4	+2.7 / −1.3	4.5	+3 / −1.5	5	+3.3 / −1.7	5.6	+3.7 / −1.9
110を超え 200 以下							3.2	+2.1 / −1.1	3.6	+2.4 / −1.2	4	+2.7 / −1.3	4.5	+3 / −1.5	5	+3.3 / −1.7	5.6	+3.7 / −1.9	6.3	+4.2 / −2.1
200を超え 250 以下							3.6	+2.4 / −1.2	4	+2.7 / −1.3	4.5	+3 / −1.5	5	+3.3 / −1.7	5.6	+3.7 / −1.9	6.3	+4.2 / −2.1	7	+4.7 / −2.3
							4	+2.7 / −1.3	4.5	+3 / −1.5	5	+3.3 / −1.7	5.6	+3.7 / −1.9	6.3	+4.2 / −2.1	7	+4.7 / −2.3	8	+5.3 / −2.7
							4.5	+3 / −1.5	5	+3.3 / −1.7	5.6	+3.7 / −1.9	6.3	+4.2 / −2.1	7	+4.7 / −2.3	8	+5.3 / −2.7	9	+6 / −3
							5	+3.3 / −1.7	5.6	+3.7 / −1.9	6.3	+4.2 / −2.1	7	+4.7 / −2.3	8	+5.3 / −2.7	9	+6 / −3	10	+6.7 / −3.3
							5.6	+3.7 / −1.9	6.3	+4.2 / −2.1	7	+4.7 / −2.3	8	+5.3 / −2.7	9	+6 / −3	10	+6.7 / −3.3	11	+7.3 / −3.7
							6.3	+4.2 / −2.1	7	+4.7 / −2.3	8	+5.3 / −2.7	9	+6 / −3	10	+6.7 / −3.3	11	+7.3 / −3.7	12	+8 / −4

4. 普通寸法公差

表 4.28 直径,段の寸法,長さの公差及び許容差 (JIS B 0416)

単位 mm

質量の区分 (kg)	材料による加工の難易度 M₁ M₂	形状の複雑度 S₁ S₂ S₃ S₄	32 以下 公差 許容差	32を超え 100 以下 公差 許容差	100を超え 160 以下 公差 許容差	160を超え 250 以下 公差 許容差	250を超え 400 以下 公差 許容差	400を超え 630 以下 公差 許容差	630を超え 1000 以下 公差 許容差	1000を超え 1600 以下 公差 許容差	1600を超え 2500 以下 公差 許容差
0.4 以下			1.1 +0.7/−0.4	1.2 +0.8/−0.4	1.4 +0.9/−0.5	1.6 +1.1/−0.5	1.8 +1.2/−0.6	2 +1.3/−0.7	—	—	—
0.4を超え 1 以下			1.2 +0.8/−0.4	1.4 +0.9/−0.5	1.6 +1.1/−0.5	1.8 +1.2/−0.6	2 +1.3/−0.7	2.2 +1.5/−0.7	—	—	—
1を超え 1.8 以下			1.4 +0.9/−0.5	1.6 +1.1/−0.5	1.8 +1.2/−0.6	2 +1.3/−0.7	2.2 +1.5/−0.7	2.5 +1.7/−0.8	2.8 +1.9/−0.9	—	—
1.8を超え 3.2 以下			1.6 +1.1/−0.5	1.8 +1.2/−0.6	2 +1.3/−0.7	2.2 +1.5/−0.7	2.5 +1.7/−0.8	2.8 +1.9/−0.9	3.2 +2.1/−1.1	3.6 +2.4/−1.2	—
3.2を超え 5.6 以下			1.8 +1.2/−0.6	2 +1.3/−0.7	2.2 +1.5/−0.7	2.5 +1.7/−0.8	2.8 +1.9/−0.9	3.2 +2.1/−1.1	3.6 +2.4/−1.2	4 +2.7/−1.3	4.5 +3/−1.5
5.6を超え 10 以下			2 +1.3/−0.7	2.2 +1.5/−0.7	2.5 +1.7/−0.8	2.8 +1.9/−0.9	3.2 +2.1/−1.1	3.6 +2.4/−1.2	4 +2.7/−1.3	4.5 +3/−1.5	5 +3.3/−1.7
10を超え 20 以下			2.2 +1.5/−0.7	2.5 +1.7/−0.8	2.8 +1.9/−0.9	3.2 +2.1/−1.1	3.6 +2.4/−1.2	4 +2.7/−1.3	4.5 +3/−1.5	5 +3.3/−1.7	5.6 +3.7/−1.9
20を超え 50 以下			2.5 +1.7/−0.8	2.8 +1.9/−0.9	3.2 +2.1/−1.1	3.6 +2.4/−1.2	4 +2.7/−1.3	4.5 +3/−1.5	5 +3.3/−1.7	5.6 +3.7/−1.9	6.3 +4.2/−2.1
50を超え 120 以下			2.8 +1.9/−0.9	3.2 +2.1/−1.1	3.6 +2.4/−1.2	4 +2.7/−1.3	4.5 +3/−1.5	5 +3.3/−1.7	5.6 +3.7/−1.9	6.3 +4.2/−2.1	7 +4.7/−2.3
120を超え 250 以下			3.2 +2.1/−1.1	3.6 +2.4/−1.2	4 +2.7/−1.3	4.5 +3/−1.5	5 +3.3/−1.7	5.6 +3.7/−1.9	6.3 +4.2/−2.1	7 +4.7/−2.3	8 +5.3/−2.7
			3.6 +2.4/−1.2	4 +2.7/−1.3	4.5 +3/−1.5	5 +3.3/−1.7	5.6 +3.7/−1.9	6.3 +4.2/−2.1	7 +4.7/−2.3	8 +5.3/−2.7	9 +6/−3
			4 +2.7/−1.3	4.5 +3/−1.5	5 +3.3/−1.7	5.6 +3.7/−1.9	6.3 +4.2/−2.1	7 +4.7/−2.3	8 +5.3/−2.7	9 +6/−3	10 +6.7/−3.3
			4.5 +3/−1.5	5 +3.3/−1.7	5.6 +3.7/−1.9	6.3 +4.2/−2.1	7 +4.7/−2.3	8 +5.3/−2.7	9 +6/−3	10 +6.7/−3.3	11 +7.3/−3.7
			5 +3.3/−1.7	5.6 +3.7/−1.9	6.3 +4.2/−2.1	7 +4.7/−2.3	8 +5.3/−2.7	9 +6/−3	10 +6.7/−3.3	11 +7.3/−3.7	12 +8/−4
			5.6 +3.7/−1.9	6.3 +4.2/−2.1	7 +4.7/−2.3	8 +5.3/−2.7	9 +6/−3	10 +6.7/−3.3	11 +7.3/−3.7	12 +8/−4	14 +9.3/−4.7

備 考
1. 直径・段の寸法公差を求めるときは,すえ込部の質量を用いる。
2. 一つの型ですえ込まれる段の寸法の公差で,特に精度を必要とする箇所は公差を $+\frac{1}{3}$, $-\frac{1}{3}$ とする。
3. 長さの公差はすえ込部の最大寸法の公差を適用し,質量は鍛造品の質量(すえ込部+素材部)を用いる。
4. 内側寸法の公差は,+と−を逆にする。
5. せん断端部の変形がある場合の長さは,せん断によってできたこう配の短い側をとる。

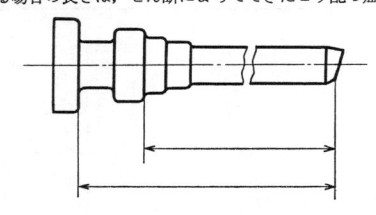

(3) 心間寸法の許容差

図 4.30 に示す心間寸法に対する許容差は，表 4.29 による。

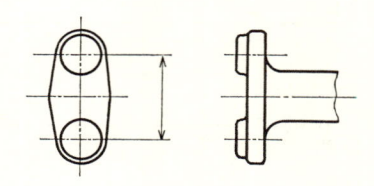

図 4.30 心間寸法の例（JIS B 0416）

表 4.29 心間寸法の許容差（JIS B 0416）

単位 mm

呼び寸法の区分	100 以下	100 を超え 160 以下	160 を超え 200 以下	200 を超え 250 以下	250 を超え 315 以下	315 を超え 400 以下
許 容 差	± 0.3	± 0.4	± 0.5	± 0.6	± 0.8	± 1

備 考　この許容差は，ほかの公差とは別個に適用する。

(4) 丸み半径の許容差

かどの丸み及び隅の丸み半径の許容差は，表 4.30 による。

表 4.30 丸み半径の許容差（JIS B 0416）

単位 mm

呼び寸法の区分 (r)	10 以下	10 を超え 32 以下	32 を超え 100 以下	100 を超えるもの
許 容 差	$+0.5 \times r$ $-0.25 \times r$	$+0.4 \times r$ $-0.2 \times r$	$+0.32 \times r$ $-0.15 \times r$	$+0.25 \times r$ $-0.1 \times r$

(5) 抜けこう配の角度の許容差

抜けこう配の角度の許容差は，表 4.31 による。

表 4.31 抜けこう配の角度の許容差（JIS B 0416）

単位 度

角度の区分	5	7	10
許 容 差		$+2$ -1	

(6) 型ずれ及び偏心の許容値

型ずれ及び偏心の許容値は，表 4.32 による。

表 4.32 型ずれ・偏心の許容値 (JIS B 0416)

単位 mm

質量の区分 (kg) 型割線	0.4以下	0.4を超え 1以下	1を超え 1.8以下	1.8を超え 3.2以下	3.2を超え 5.6以下	5.6を超え 10以下	10を超え 20以下	20を超え 50以下	50を超え 120以下	120を超え 250以下
平たん又は対称	0.4	0.5	0.6	0.7	0.8	1	1.2	1.4	1.7	2
非対称	0.5	0.6	0.7	0.8	1	1.2	1.4	1.7	2	2.4

備考 この許容値は，ほかの公差とは別個に適用する。

(7) そりの許容値

そりの許容値は，表 4.33 による。

このそりは，最大寸法を呼び寸法とする（図 4.31）。

なお，この許容値は，ほかの公差とは別個に適用する。

表 4.33 そりの許容値 (JIS B 0416)

単位 mm

呼び寸法の区分	100以下	100を超え 125以下	125を超え 160以下	160を超え 200以下	200を超え 250以下	250を超え 315以下	315を超え 400以下	400を超え 500以下
許容値	0.6	0.7	0.8	0.9	1	1.1	1.2	1.4

呼び寸法の区分	500を超え 630以下	630を超え 800以下	800を超え 1000以下	1000を超え 1250以下	1250を超え 1600以下	1600を超え 2000以下	2000を超え 2500以下
許容値	1.6	1.8	2	2.2	2.5	2.8	3.2

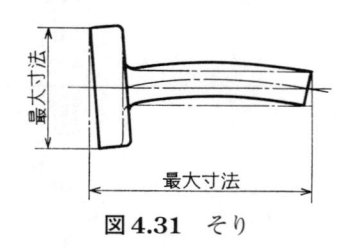

図 4.31 そり

(8) 深穴の偏りの許容値

深穴の偏りの許容値，"穴の深さ×0.005" とし，型ずれの並級の許容値に加算して適用する。

(9) ばり残り，ばりかじりの許容値

ばり残り，ばりかじりの許容値は，表 4.34 による。

表 4.34 ばり残り，ばりかじりの許容値 (JIS B 0416)

単位 mm

質量の区分 (kg) 型割線	0.4以下	0.4を超え 1以下	1を超え 1.8以下	1.8を超え 3.2以下	3.2を超え 5.6以下	5.6を超え 10以下	10を超え 20以下	20を超え 50以下	50を超え 120以下	120を超え 150以下
平たん又は対称	0.5	0.6	0.7	0.8	1	1.2	1.4	1.7	2	2.4
非対称	0.6	0.7	0.8	1	1.2	1.4	1.7	2	2.4	2.8

備考 この許容値は，ほかの公差とは別個に適用する。

4.3 鋼の熱間鍛造品公差（アプセッタ加工）

(10) ばりかえりの許容値

ばりかえりの許容値は，表4.35による。

なお，ばりかえりは，図4.32のa及びb寸法である。

表4.35 ばりかえりの許容値 (JIS B 0416)

単位 mm

質量の区分 (kg)		1 以下	1 を超え 6 以下	6 を超え 40 以下	40 を超え 250 以下
許容値	a	1	1.6	2.5	4
	b	0.5	0.8	1.2	2

備考　この許容値は，他の公差とは個別に適用する。

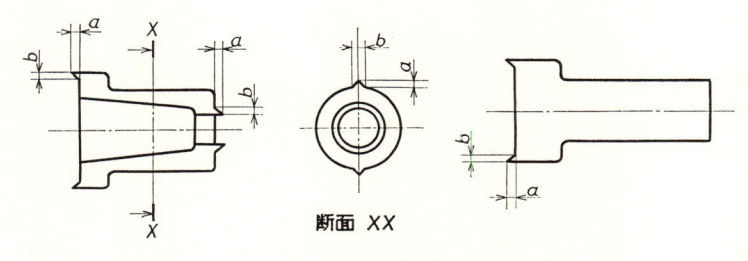

図4.32 ばりかえり

(11) 表面はだあれの許容値

表面はだあれの許容値は，表4.36による。

表4.36 表面はだあれの許容値 (JIS B 0416)

単位 mm

表面はだあれの区分	機械加工面	黒皮面
許容値	（加工しろ）$\times \frac{1}{2}$	（厚さ公差）$\times \frac{1}{3}$

(12) せん断端部の変形の許容値

せん断端部の変形の許容値は，表4.37による。

せん断による端部の変形は，図4.33のa, b及びθである。

表4.37 せん断端部の変形の許容値 (JIS B 0416)

単位 mm

素材径の区分（d）		36 以下	36 を超えるもの
許容値	a	$0.07 \times d$	$0.05 \times d$
	b	$1 \times d$	$0.7 \times d$
	θ	7° 以下	

備考　この許容値は，他の公差とは個別に適用する。

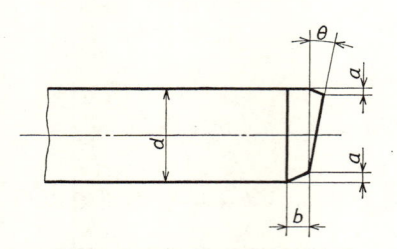

図 4.33　せん断端部の変形

(13) 素材部の局部的変形の許容差

局部的に変形した部分（図4.34）の許容差は，表4.28に規定する素材径に相当する呼び寸法に適用する並級の許容差と同じとする。

また，その部分の長さは，素材径 d の1.5倍で100 mm を限度とする。

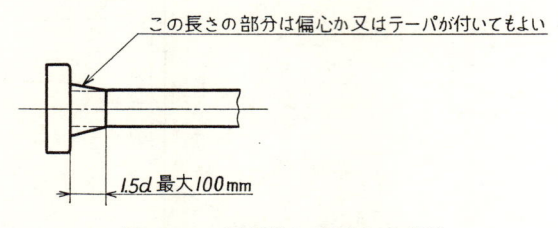

図 4.34　局部的に変形した部分

4.4　金属板せん断加工品の普通寸法許容差

4.4.1　普通寸法許容差

ギャップシャー，スケヤシャーなどの直刃せん断機で鋼板を切断した場合，鋼板の押え力，せん断機の精度，切れ味によって切断幅が異なる。これを規制するのが，金属板せん断加工品の普通寸法許容差である。

直刃せん断機で切断した厚さ 12 mm 以下の金属板の切断幅の普通寸法許容差は，JIS B 0410 による。

ここに，切断幅はせん断機の直刃で切断された辺と対辺との距離であり，図4.35に示す b 寸法をいう。

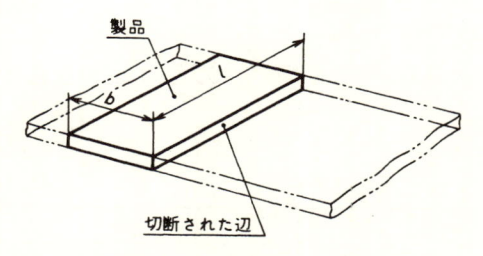

図 4.35 切断幅 (JIS B 0410)

切断幅の普通寸法許容差のA級及びB級の2等級とし,表4.38を適用する。
なお,真直度公差及び直角度公差については,第5章を参照。

表 4.38 切断幅の普通寸法許容差 (JIS B 0410)

単位 mm

基準寸法の区分		板厚 (t) の区分							
		$t \leqq 1.6$		$1.6 < t \leqq 3$		$3 < t \leqq 6$		$6 < t \leqq 12$	
		等級							
		A級	B級	A級	B級	A級	B級	A級	B級
	30以下	±0.1	±0.3	—	—	—	—	—	—
30を超え	120以下	±0.2	±0.5	±0.3	±0.5	±0.8	±1.2	—	±1.5
120を超え	400以下	±0.3	±0.8	±0.4	±0.8	±1	±1.5	—	±2
400を超え	1 000以下	±0.5	±1	±0.5	±1.2	±1.5	±2	—	±2.5
1 000を超え	2 000以下	±0.8	±1.5	±0.8	±2	±2	±3	—	±3
2 000を超え	4 000以下	±1.2	±2	±1.2	±2.5	±3	±4	—	±4

4.4.2 図面への指示方法

図面への切断幅の普通寸法許容差の指示は,次のいずれかによる。

・各寸法の区分に対する数値の表

・規格番号及び等級

例:JIS B 0410, B級

4.5 金属プレス加工品の普通寸法許容差

金属プレス加工品は,パンチ,ダイスなどによる打抜き加工,曲げ加工,絞り加工など工程によって加工精度が異なる。自動車用金属プレス加工品は,この工程ごとに加工公差を規定しているところもある。

4.5.1 プレス加工品普通寸法許容差

JIS B 0408では，A級～C級の3等級を規定して，表4.39から選択できるようにしている。

表4.39 プレス加工品普通寸法許容差 (JIS B 0408)

単位 mm

基準寸法の区分	等級		
	A級	B級	C級
6以下	±0.05	±0.1	±0.3
6を超え 30以下	±0.1	±0.2	±0.5
30を超え 120以下	±0.15	±0.3	±0.8
120を超え 400以下	±0.2	±0.5	±1.2
400を超え 1 000以下	±0.3	±0.8	±2
1 000を超え 2 000以下	±0.5	±1.2	±3

備考 A級，B級及びC級は，それぞれJIS B 0405の公差等級 f，m及びcに相当する。

4.5.2 曲げ及び絞りの普通許容差

曲げ加工を行うと，通常，バックリングが生じるが，仕上がり精度が表4.40のように規制される。

表4.40 曲げ及び絞りの普通許容差 (JIS B 0408)

単位 度

基準寸法の区分	等級		
	A級	B級	C級
6以下	±0.1	±0.3	±0.5
6を超え 30以下	±0.2	±0.5	±1
30を超え 120以下	±0.3	±0.8	±1.5
120を超え 400以下	±0.5	±1.2	±2.5
400を超え 1 000以下	±0.8	±2	±4
1 000を超え 2 000以下	±1.2	±3	±6

備考 A級，B級及びC級は，それぞれJIS B 0405の公差等級 m，c及びvに相当する。

4.6 主として金属の除去加工に適用する普通寸法公差

主として金属の除去加工（metal removal）及び成形加工（formed from sheet metal）に適用する個々に公差の指示がない長さ寸法及び角度寸法に対する普通公差（general tolerance）については，JIS B 0405に規定している。

このJISは，ISO 2768-1に整合したものであり，切削加工品の普通寸法公差に適す。金属板の成形加工品の公差については，国内での実測調査データがないので，JIS B 0405の適用性を検証していない。

4.6.1 長さ寸法の普通公差

(1) 面取り部分を除く長さ寸法の普通公差

削り加工に関する普通寸法公差の規格は，JIS B 0405：1957 が JES 第 799 号［限界ゲージ方式（不かん合寸法用）］，日本航空機規格 0162（標準精度）及び 0103（補助寸法差）に代わるものとして制定され，刃物研削と（砥）石によって，削り加工をする部分に適用された。

ISO 2768-1 が 1989 年に発行されると，これに整合させた JIS B 0405：1991 となった。

JIS B 0405 に規定する面取り部分を除く長さ寸法（linear dimension，例えば，外側寸法，内側寸法，段差寸法，直径，半径，間隔）の普通公差の公差等級は，f, m, c 及び v の 4 等級とし，その許容差は表 4.41 による。

参考 公差等級 f は fine，m は medium，c は coarse そして v は very coarse の頭文字に由来しており，順に精級，中級，粗級及び極粗級を表す。

表 4.41 面取り部分を除く長さ寸法の許容差 (JIS B 0405)

単位 mm

公差等級		基準寸法の区分							
記号	説明	0.5*以上3以下	3を超え6以下	6を超え30以下	30を超え120以下	120を超え400以下	400を超え1000以下	1000を超え2000以下	2000を超え4000以下
		許容差							
f	精級	±0.05	±0.05	±0.1	±0.15	±0.2	±0.3	±0.5	—
m	中級	±0.1	±0.1	±0.2	±0.3	±0.5	±0.8	±1.2	±2
c	粗級	±0.2	±0.3	±0.5	±0.8	±1.2	±2	±3	±4
v	極粗級	—	±0.5	±1	±1.5	±2.5	±4	±6	±8

* 0.5 mm 未満の基準寸法に対しては，その基準寸法に続けて許容差を個々に指示する。

なお，新旧規格の長さ寸法の普通公差の違いを図 4.36 に示す。

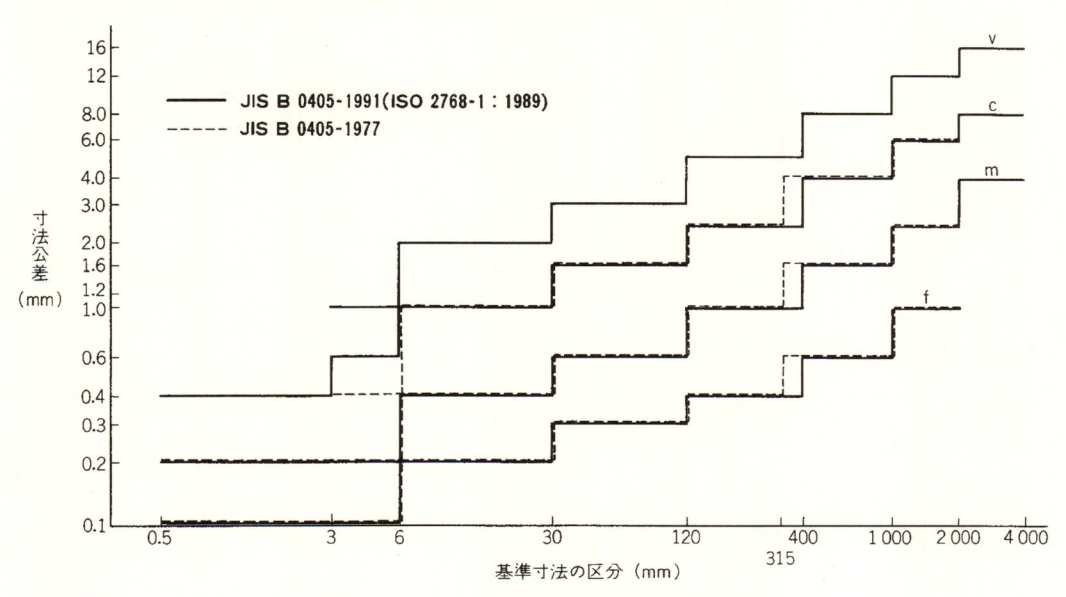

図 4.36 長さ寸法の公差の新旧比較 (JIS B 0405)

(2) 面取り部分の普通公差

面取り部分の長さ寸法（かどの丸み及びかどの面取寸法）の公差等級は f, m, c 及び v の 4 等級とし, その許容差は表 4.42 による。

表 4.42 面取り部分の長さ寸法の普通許容差 (JIS B 0405)

単位 mm

公差等級		基準寸法の区分		
記号	説明	0.5* 以上 3 以下	3 を超え 6 以下	6 を超えるもの
		許容差		
f	精級	±0.2	±0.5	±1
m	中級			
c	粗級	±0.4	±1	±2
v	極粗級			

*0.5 mm 未満の基準寸法に対しては, その基準寸法に続けて許容差を個々に指示する。

4.6.2 角度寸法の普通公差

角度寸法 (angular dimension) の普通公差 (等級 f, m, c, v) は, 改正によって追加規定されたものであり, 表 4.43 のとおりである。

なお, 通常, 図面に指示されない角度, 例えば, JIS B 0419 が引用されていない直角 (90°), 又は正多角形の角度を含む, 個々に公差の指示がない角度寸法にだけ表 4.43 が適用される。

表 4.43 角度寸法の普通公差 (JIS B 0405)

公差等級		対象とする角度の短い方の辺の長さ (単位 mm) の区分				
記号	説明	10 以下	10 を超え 50 以下	50 を超え 120 以下	120 を超え 400 以下	400 を超えるもの
		許容差				
f	精級	±1°	±30′	±20′	±10′	±5′
m	中級					
c	粗級	±1°30′	±1°	±30′	±15′	±10′
v	極粗級	±3°	±2°	±1°	±30′	±20′

4.6.3 図面への指示方法

長さ寸法及び角度寸法の普通公差は, 図面上の表題欄の中又はその付近に次のいずれかを指示をする。

・JIS B 0405
・この規格による公差等級

例：JIS B 0405-m

4.6 主として金属の除去加工に適用する普通寸法公差   115

図面への指示例を図4.37に示す。

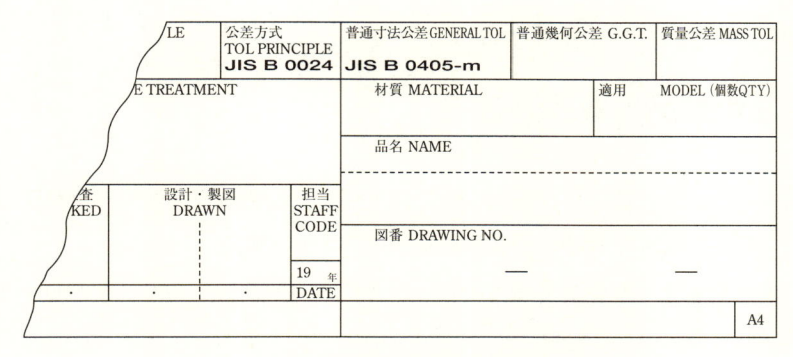

図4.37 図面への指示例

4.6.4 採否

規格に規定した公差値は，たとえ普通公差であれ，形体がその規定値を超えてはならない，という考え方がある。これに対して，設計者が普通公差を適用する形体の公差を，数値で指示した公差と同様に検討に検討を重ねて決定して図面指示しているとは考えられない，という意見がヨーロッパの幾つかの国から出された。必ず守らなければならない公差であれば，数値を指示しなければならない。それを普通公差でよいということは，普通公差に見合う程度の精度を要求している場合が多い。

そこで，ISO 2768-1（JIS B 0405）では，次のように採否に関する規定をした。

"**普通公差を指示した部品は，特に指示した場合を除いて，普通公差を（ときおり）超えても，部品の機能が損なわれない場合には，自動的に不採用としてはならない。すなわち，普通公差から逸脱し，機能を損なうときだけ，部品を不採用にする。**"

このことは，設計者と製作者とが協議する余地を残している。設計者が公差の逸脱を認めない場合には，不合格とすることになる。これが新しい普通公差の考え方である。

それでは，なぜ普通公差を必要とするか，である。その理由は，JIS B 0405の解説にあるように次のとおり考えられる。

① 指示された普通公差の等級を見れば，どこの工場，あるいはどこの会社へ発注すればよいかが分かる。

② 量産工場では，初品製造時に測定によって，工程能力指数を決定することができる。量産時には，工程能力指数を超えないことの管理をすれば，全数測定又は検査を省くことができる。

③ 普通公差を適用した形体の検証を行ってもいない費用を支払っていたとすれば，その費用を支払う必要がない。

近年，日本の工場の製造環境は非常によくなっており，材料は均質であり，工作機械は精度が

よく，余裕動力が大で，作業者の教育水準も高いなど，普通公差を満たさない部品はできにくい。

4.7　金属焼結品の普通許容差

金属焼結品のうち，削り加工などを除く焼結機械部品及び焼結含油軸受の幅及び高さの普通許容差について，JIS B 0411 が精級，中級及び並級の 3 等級を規定している。

なお，幅は金属粉末を圧縮成形するときの圧縮方向に直角な方向の寸法であり（図 3.35 の a 寸法），高さは圧縮方向に平行な方向の寸法である（図 4.38 の b 寸法）。

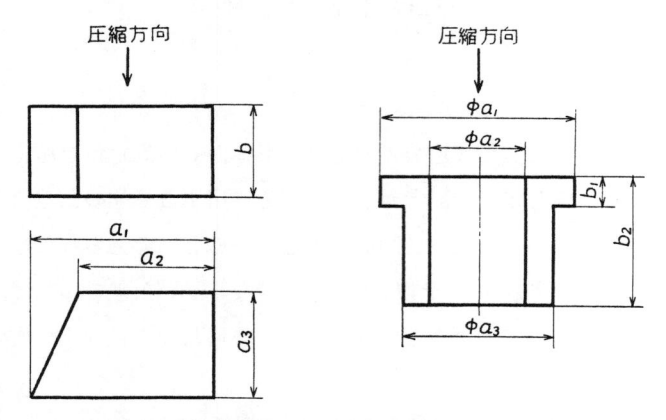

図 4.38　金属焼結品の幅及び高さ　(JIS B 0411)

4.7.1　幅の普通許容差

幅の普通許容差は，表 4.44 を適用する。

表 4.44　幅の普通許容差　(JIS B 0411)

単位 mm

寸法の区分 \ 等級	精級	中級	並級
6 以下	±0.05	±0.1	±0.2
6 を超え 30 以下	±0.1	±0.2	±0.5
30 を超え 120 以下	±0.15	±0.3	±0.8
120 を超え 315 以下	±0.2	±0.5	±1.2

4.7.2 高さの普通許容差

高さの普通許容差は，表 4.45 を適用する。

表 4.45 高さの普通許容差 (JIS B 0411)

単位 mm

寸法の区分 \ 等級	精級	中級	並級
6 以下	± 0.1	± 0.2	± 0.6
6 を超え 30 以下	± 0.2	± 0.5	± 1
30 を超え 120 以下	± 0.3	± 0.8	± 1.8

引 用 文 献

1) 桑田浩志 (1993)：新しい幾何公差方式，絶版，p.274，日本規格協会
2) DIN 1680：1980　Rough castings; general tolerances and machining allowances; general

5. 幾何公差方式

ものづくりにおいては，設計要求に応じて，形体の形状のみならず，姿勢，位置を規制しなければ，経済的で適正品質の製品や部品はできない。

この章では，14種類の幾何特性のもつ性質を考える。

5.1 幾何偏差

5.1.1 幾何偏差の種類

幾何公差（geometrical tolerance）は，幾何偏差（geometrical deviation）（形状，姿勢及び位置の偏差並びに振れ）の許容値である（JIS Z 8114）。幾何偏差は，表5.1の14種類である。

線及び面の輪郭度は，形状偏差だけでなく，姿勢偏差及び位置偏差をも規制することができる。

表5.1において，○○度の"度"は，偏差を表す。単独形体はデータム（姿勢公差及び位置公差などを規制するための幾何学的基準）を必要としない形体であり，関連形体はデータムを必要とする形体である。

表5.1　幾何偏差（JIS B 0621）

種類		適用する形体
形状偏差	真直度 平面度 真円度 円筒度	単独形体
	線の輪郭度 面の輪郭度	単独形体又は関連形体
姿勢偏差	平行度 直角度 傾斜度	関連形体
位置偏差	位置度 同軸度及び同心度 対称度	
振れ	円周振れ 全振れ	

5.1.2 幾何偏差の定義

個々の幾何偏差の定義は，次のとおりである（JIS B 0621）。

(1) 真直度

真直度とは，直線形体の幾何学的に正確な直線（以下，幾何学的直線という。）からの狂いの大きさをいう。

(a) 一方向の真直度　一方向の真直度は，その方向に垂直な幾何学的に正しい平行な二平面（以下，幾何学的平行二平面という。）でその直線形体（L）を挟んだとき，平行二平面の間隔が最小となる場合の二平面の間隔（f）である（図5.1）。

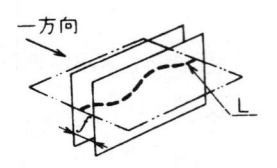

図 5.1　一方向の真直度（JIS B 0621）

参考　その方向が，例えば，水平方向又は鉛直方向の場合には，それぞれを水平方向の真直度又は鉛直方向の真直度という。

(b) 互いに直角な二方向の真直度　互いに直角な二方向，例えば，水平方向及び鉛直方向の真直度は，その二方向にそれぞれ垂直な二組の幾何学的平行二平面でその直線形体（L）を挟んだとき，二組の平行二平面の各々の間隔が最小となる場合の，二平面の間隔（f_1, f_2）（すなわち，二組の平行二平面で区切られる直方体の二辺の長さ）である（図5.2）。

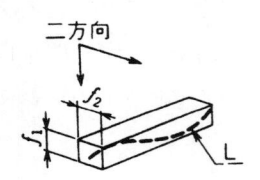

図 5.2　互いに直角な二方向の真直度（JIS B 0621）

(c) 方向を定めない場合の真直度　方向を定めない場合（例えば，円筒の軸線など）の真直度は，その直線形体（L）をすべて含む幾何学的円筒のうち，最も径の小さい円筒の直径（f）である（図5.3）。

図 5.3　方向を定めない場合の真直度（JIS B 0621）

(d) 表面の要素としての直線形体の真直度　表面の要素としての直線形体（回転面の母線や平面形体の表面に垂直な平面による断面輪郭線など）の真直度は，幾何学的に正しい平行な二直

線(以下,幾何学的平行二直線という。)で,その直線形体(L)を挟んだとき,平行二直線の間隔が最小になる場合の,二直線の間隔(f)である(図5.4)。

図5.4 表面の要素としての直線形体の真直度 (JIS B 0621)

(2) 平面度

平面度とは,平面形体の幾何学的に正確な平面(以下,幾何学的平面という。)からの狂いの大きさをいう。

平面度は,平面形体(P)を幾何学的平行二平面で挟んだとき,平行二平面の間隔が最小となる場合の,二平面の間隔(f)である(図5.5)。

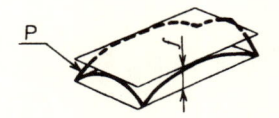

図5.5 平面度 (JIS B 0621)

(3) 真円度

真円度とは,円形形体の幾何学的に正確な円(以下,幾何学的円という。)からの狂いの大きさをいう。

真円度は,円形形体(C)を二つの同心の幾何学的円で挟んだとき,同心二円の間隔が最小となる場合の,二円の半径の差(f)である(図5.6)。

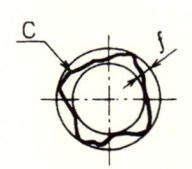

図5.6 真円度 (JIS B 0621)

(4) 円筒度

円筒度とは,円筒形体の幾何学的に正確な円筒(以下,幾何学的円筒という。)からの狂いの大きさをいう。

円筒度は,円筒形体(Z)を二つの同軸の幾何学的円筒で挟んだとき,同軸二円筒の間隔が最小となる場合の,二円筒の半径の差(f)である(図5.7)。

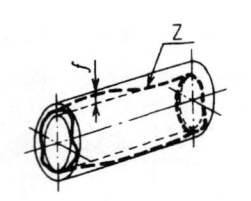

図 5.7 円筒度 (JIS B 0621)

参考 円筒形体の幾何偏差は，軸線に直角な断面における輪郭線の偏差（真円度）と軸線を含む断面における輪郭線の偏差（母線の真直度と平行度）とに分けて考えることもできる。

(5) 線の輪郭度

線の輪郭度とは，理論的に正確な寸法によって定められた幾何学的に正確な輪郭（以下，幾何学的輪郭という。）からの線の輪郭の狂いの大きさをいう。

参考 データムに関連する場合と関連しない場合とがある。

線の輪郭度は，理論的に正確な寸法によって定められた幾何学的輪郭線 (K_T) 上に中心をもつ同一の直径の幾何学的円の二つの包絡線で，その線の輪郭 (K) を挟んだときの，二包絡線の間隔 (f)（円の直径）である（図 5.8）。

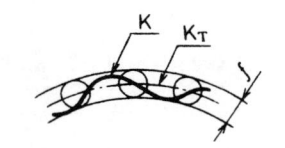

図 5.8 線の輪郭度 (JIS B 0621)

(6) 面の輪郭度

面の輪郭度とは，理論的に正確な寸法によって定められた幾何学的輪郭からの面の輪郭の狂いの大きさをいう。

面の輪郭度は，理論的に正確な寸法によって定められる幾何学的輪郭面 (F_T) 上に中心をもつ同一の直径の幾何学的に正しい球（以下，幾何学的球という。）の二つの包絡面でその面の輪郭 (F) を挟んだときの，二包絡面の間隔 (f)（球の直径）である（図 5.9）。

参考 データムに関連する場合と関連しない場合とがある。

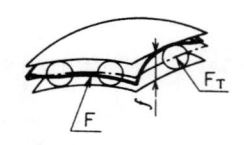

図 5.9 面の輪郭度 (JIS B 0621)

(7) 平行度

平行度とは，データム直線又はデータム平面に対して平行な幾何学的直線又は幾何学的平面からの平行であるべき直線形体又は平面形体の狂いの大きさをいう。

　参考　データと直線形体又は平面形体との間隔は，寸法及び寸法公差が適用される。

平行度は，直線形体又は平面形体が，データム直線又はデータム平面に対して垂直な方向において占める領域の大きさによって，次に示すように表す。

(a) 直線形体のデータム直線に対する平行度

　① **一方向の平行度**　一方向の平行度は，その方向に垂直でデータム直線（L_D）に平行な幾何学的平行二平面でその直線形（L）を挟んだときの，二平面の間隔（f）である（図5.10）。

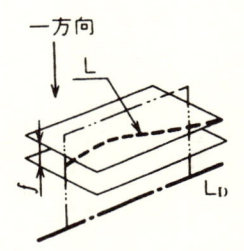

図 5.10　一方向の平行度　(JIS B 0621)

　② **互いに直角な二方向の平行度**　互いに直角な二方向の平行度は，その二方向にそれぞれ垂直でデータム直線（L_D）に平行な二組の幾何学的平行二平面でその直線形体（L）を挟んだときの，二平面の間隔（f_1, f_2）（すなわち，二組の平行二平面で区切られる直方体の二辺の長さ）である（図5.11）。

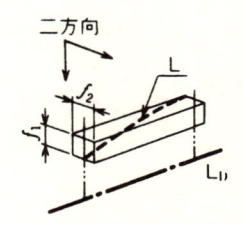

図 5.11　互いに直角な二方向の平行度　(JIS B 0621)

　③ **方向を定めない場合の平行度**　方向を定めない場合の平行度は，データム直線（L_D）に平行でその直線形体（L）をすべて含む幾何学的円筒のうち，最も小さい径の円筒の直径（f）である（図5.12）。

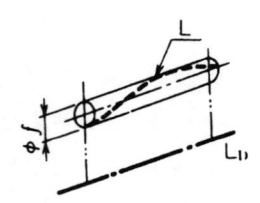

図5.12 方向を定めない場合の平行度 (JIS B 0621)

(b) 直線形体又は平面形体のデータム平面に対する平行度 直線形体又は平面形体のデータム平面に対する平行度は，データム平面（P_D）に平行な幾何学的平行二平面でその直線形体（L）又は平面形体（P）を挟んだときの，二平面の間隔（f）である（図5.13，図5.14）。

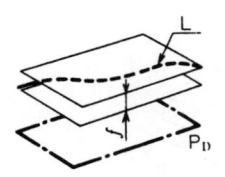

図5.13 直線形体のデータム平面に対する平行度 (JIS B 0621)

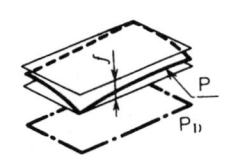

図5.14 平面形体のデータム平面に対する平行度 (JIS B 0621)

(c) 平面形体のデータム直線に対する平行度 平面形体のデータム直線に対する平行度は，データム直線（L_D）に平行な幾何学的平行二平面でその平面形体（P）を挟んだとき，平行二平面の間隔が最小となる場合の二平面の間隔（f）である（図5.15）。

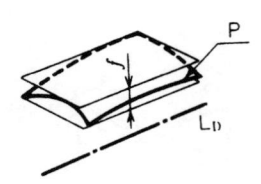

図5.15 平面形体のデータム直線に対する平行度 (JIS B 0621)

(8) 直角度

直角度とは，データム直線又はデータム平面に対して直角な幾何学的直線又は幾何学的平面からの直角であるべき直線形体又は平面形体の狂いの大きさをいう。

　参考 直線形体又は平面形体の位置は，寸法及び寸法公差が適用される。

直角度は，直線形体又は平面形体がデータム直線又はデータム平面に対して平行な方向で占める領域の大きさによって，次に示すように表す。

(a) 直線形体又は平面形体のデータム直線に対する直角度　直線形体又は平面形体のデータム直線に対する直角度は，データム直線（L_D）に垂直な幾何学的平行二平面でその直線形体（L）又は平面形体（P）を挟んだときの，二平面の間隔（f）である（図5.16，図5.17）。

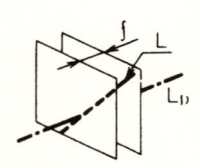

図5.16　直線形体のデータム直線に対する直角度（JIS B 0621）

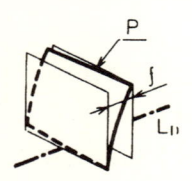

図5.17　平面形体のデータム直線に対する直角度（JIS B 0621）

(b) 直線形体のデータム平面に対する直角度

① **一方向の直角度**　一方向の直角度は，その方向とデータム平面（P_D）に垂直な幾何学的平行二平面でその直線形体（L）を挟んだときの，二平面の間隔（f）である（図5.18）。

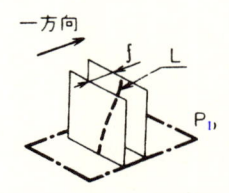

図5.18　一方向の直角度（JIS B 0621）

② **互いに直角な二方向の直角度**　互いに直角な二方向の直角度は，その二方向とデータム平面（P_D）にそれぞれ垂直な二組の幾何学的平行二平面でその直線形体（L）を挟んだときの，二平面の間隔（f_1, f_2）（すなわち，二組の平行二平面で区切られる直立体の二辺の長さ）である（図5.19）。

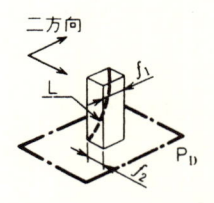

図5.19　互いに直角な二方向の直角度（JIS B 0621）

③ **方向を定めない場合の直角度**　方向を定めない場合の直角度は，データム平面（P_D）に垂直でその直線形体（L）をすべて含む幾何学的円筒のうち，最も小さい径の円筒の直径（f）である（図5.20）。

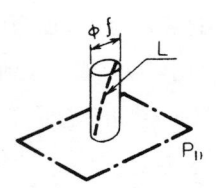

図 5.20 方向を定めない場合の直角度 (JIS B 0621)

(c) 平面形体のデータム平面に対する直角度 平面形体のデータム平面に対する直角度は，データム平面 (P_D) に垂直な幾何学的平行二平面でその平面形体 (P) を挟んだとき，平行二平面の間隔が最小となる場合の，二平面の間隔 (f) である（図5.21）。

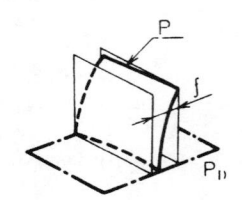

図 5.21 平面形体のデータム平面に対する直角度 (JIS B 0621)

(9) 傾斜度

傾斜度とは，データム直線又はデータム平面に対して理論的に正確な角度をもつ幾何学的直線又は幾何学的平面からの理論的に正確な角度をもつべき直線形体又は平面形体の狂いの大きさをいう。

　　参考　狂いの大きさは，データム直線又はデータム平面に対して最小二乗平均参照線又は平面から正確な輪郭であるべき輪郭上のある点までの＋偏差と－偏差との二乗平均平方根から求めることができる。

傾斜度は，直線形体又は平面形体がデータム直線又はデータム平面に対して理論的に正確な角度をもつ幾何学的直線又は幾何学的平面に垂直な方向で占める領域の大きさによって，次のように示す。

(a) 直線形体のデータム直線に対する傾斜度

　① **同一平面上にある場合**　同一平面上にあるべき直線形体のデータム直線に対する傾斜度は，直線形体 (L) のいずれか一端とデータム直線 (L_D) とを含む幾何学的平面 (P_A) に垂直で，データム直線 (L_D) に対して理論的に正確な角度 (α) をなす幾何学的平行二平面で直線形体 (L) を挟んだときの，二平面の間隔 (f) である（図5.22）。

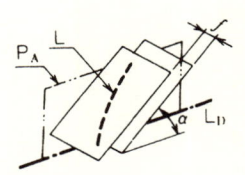

図5.22 同一平面上にある場合 (JIS B 0621)

② **同一平面上にない場合** 同一平面上にない直線形体のデータム直線に対する傾斜度は，直線形体（L）の両端を結ぶ幾何学的直線（L_A）に平行で，データム直線（L_D）を含む幾何学的平面（P_A）に垂直で，データム直線（L_D）に理論的に正確な角度（α）をなす幾何学的平行二平面でその直線形体（L）を挟んだときの，二平面の間隔（f）である（図5.23）。

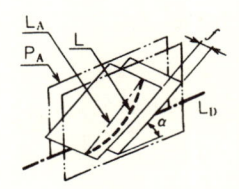

図5.23 同一平面上にない場合 (JIS B 0621)

(b) 直線形体のデータム平面に対する傾斜度 直線形体のデータム平面に対する傾斜度は，直線形体（L）の両端を含みデータム平面（P_D）に垂直な幾何学的平面（P_A）に垂直で，データム平面（P_D）に対して理論的に正確な角度（α）をなす幾何学的平行二平面で直線形体（L）を挟んだときの，二平面の間隔（f）である（図5.24）。

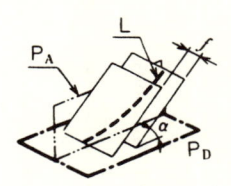

図5.24 直線形体のデータム平面に対する傾斜度 (JIS B 0621)

(c) 平面形体のデータム直線又はデータム平面に対する傾斜度 平面形体のデータム直線又はデータム平面に対する傾斜度は，データム直線（L_D）又はデータム平面（P_D）に対して理論的に正確な角度（α）をなす幾何学的平行二平面で平面形体（P）を挟んだとき，平行二平面の間隔が最小となる場合の，二平面の間隔（f）である（図5.25, 図5.26）。

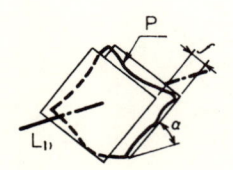

図 5.25 平面形体のデータム直線に対する傾斜度（JIS B 0621）

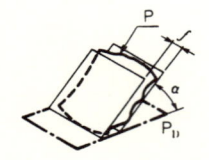

図 5.26 平面形体のデータム平面に対する傾斜度（JIS B 0621）

(10) 位置度

位置度とは，データム又は他の形体に関連して定められた理論的に正確な位置からの点，直線形体又は平面形体の狂いの大きさをいう。

位置度は，点，直線形体又は平面形体が理論的に正確な位置に対して占める領域の大きさによって，次のように示す。

(a) 点の位置度 点の位置度は，理論的に正確な位置にある点（E_T）を中心とし，対象としている点（E）を通る幾何学的円又は幾何学的球の直径（f）である（図5.27）。

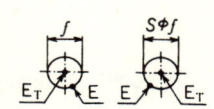

図 5.27 点の位置度（JIS B 0621）

(b) 直線形体の位置度

① **一方向の位置度** 一方向の位置度は，その方向に垂直で理論的に正確な位置にある幾何学的直線*に対して対称な幾何学的平行二平面でその直線形体（L）を挟んだときの，二平面の間隔（f）である（図 5.28）。

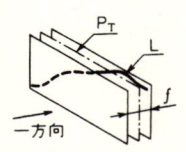

図 5.28 一方向の位置度（JIS B 0621）

参考 直線形体が一平面上にある場合の直線形体の位置度は，理論的に正確な位置にある幾何学的直線（L_T）に対して対称な幾何学的平行二直線でその直線形体（L）を挟んだときの，二直線の間隔（f）である（図 5.29）。

---

* 図 5.28 の平面（P_T）は，理論的に正確な位置にある幾何学的直線を含み，その方向に垂直な平面を示す。

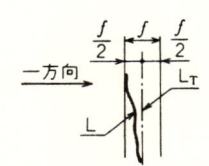

図5.29 一方向の位置度 (JIS B 0621)

② **互いに直角な二方向の位置度** 互いに直角な二方向の位置度は，その二方向にそれぞれ垂直で理論的に正確な位置にある幾何学的直線（L_T）に対して対称な二組の幾何学的平行二平面でその直線形体（L）を挟んだときの，二平面の間隔（f_1, f_2）（すなわち，二組の平行二平面で区切られる直方体の二辺の長さ）である（図5.30）。

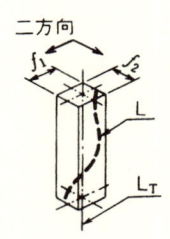

図5.30 互いに直角な二方向の位置度 (JIS B 0621)

③ **方向を定めない場合の位置度** 方向を定めない場合の位置度は，理論的に正確な位置にある幾何学的直線（L_T）を軸とし，その直線形体（L）をすべて含む幾何学的円筒のうち最も径の小さい円筒の直径（f）である（図5.31）。

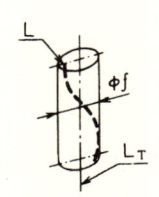

図5.31 方向を定めない場合の位置度 (JIS B 0621)

(c) 平面形体の位置度 平面形体の位置度は，理論的に正確な位置にある幾何学的平面（P_T）に対して対称な幾何学的平行二平面でその平面形体（P）を挟んだときの，二平面の間隔（f）である（図5.32）。

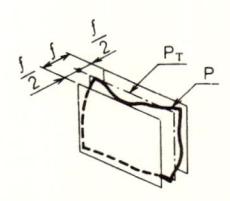

図5.32 平面形体の位置度 (JIS B 0621)

(11) 同軸度

同軸度とは，データム軸直線と同一直線上にあるべき軸線のデータム軸直線からの狂いの大きさをいう。

　　参考　平面図形の場合には，データム円の中心に対する他の円形形体の中心の位置の最大偏差を同心度という。

軸線のデータム軸直線に対する同軸度は，その軸線（A）をすべて含み，データム軸直線（A_D）と同軸の幾何学的円筒のうち，最も径の小さい円筒の直径（f）である（図5.33）。

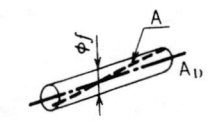

図5.33　同軸度　(JIS B 0621)

　　参考　平面図形としての二つの円の同心度は，データム円の中心（E_D）と同心で，円形形体の中心（E）を通る幾何学的円の直径（f）である（図5.34）。

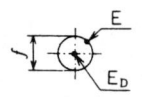

図5.34　同心度　(JIS B 0621)

ここに，円形形体の中心とは，二つの同心の幾何学的円でその円形形体を挟んだとき，二円の半径の差が最小となる場合の同心円の中心をいう。

(12) 対称度

対称度とは，データム軸直線又はデータム中心平面に関して互いに対称であるべき形体の対称位置からの狂いの大きさをいう。

対称度は，軸線又は中心面がデータム軸直線又はデータム中心平面に対して垂直な方向で占める領域の大きさによって，次の（a）又は（b）のように示す。

(a) 軸線の対称度

　① **データム中心平面に対する対称度**　データム中心平面に対する対称度は，データム中心平面（P_{MD}）に対して対称な幾何学的平行二平面でその軸線を挟んだときの，二平面の間隔（f）である（図5.35）。

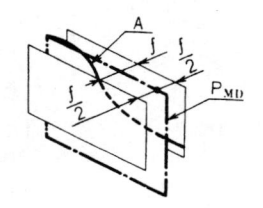

図5.35　データム中心平面に対する対称度　(JIS B 0621)

② **データム軸直線に対する互いに直角な二方向の対称度** データム軸直線に対する互いに直角な二方向の対称度は，その二方向にそれぞれ垂直で，データム軸直線（A_D）に対して対称な幾何学的平行二平面でその軸線（A）を挟んだときの，二平面の間隔（f_1, f_2）（すなわち，二組の平行二平面で区切られる直方体の二辺の長さ）である（図5.36）。

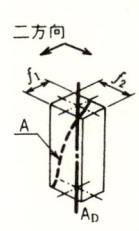

図 5.36 データム軸直線に対する互いに直角な二方向の対称度 (JIS B 0621)

(b) **中心面の対称度**

① **データム軸直線に対する一方向の対称度** データム軸直線に対する一方向の対称度は，その方向に垂直でデータム軸直線（A_D）に対して対称な幾何学的平行二平面でその中心面（P_M）を挟んだときの，二平面の間隔（f）である（図5.37）。

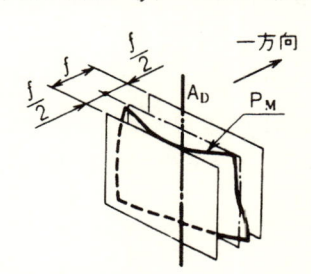

図 5.37 データム軸直線に対する一方向の対称度 (JIS B 0621)

② **データム中心平面に対する対称度** データム中心平面に対する対称度は，データム中心平面（P_{MD}）に対して対称な幾何学的平行二平面でその中心面（P_M）を挟んだときの，二平面の間隔（f）である（図5.38）。

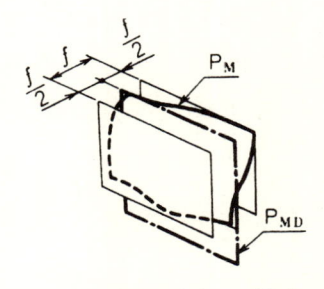

図 5.38 データム中心平面に対する対称度 (JIS B 0621)

(13) 円周振れ

円周振れとは，データム軸直線を軸とする回転面をもつべき対象物又はデータム軸直線に対して垂直な円形平面であるべき対象物をデータム軸直線の周りに回転したとき，その表面が指定した位置又は任意の位置で指定した方向*に変位する大きさをいう。

円周振れは，指定した方向によって，それぞれ次に示すような，対象物の表面上の各位置における振れのうち，その最大値である。

(a) 半径方向の円周振れ　半径方向の円周振れは，データム軸直線（A_D）に垂直な一平面（測定平面）内で，データム軸直線から対象とした表面（K）までの距離の最大値と最小値との差（f）である（図 5.39）。

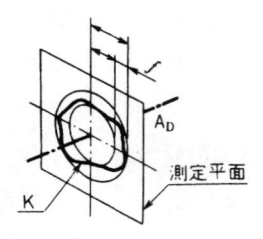

図 5.39　半径方向の円周振れ　(JIS B 0621)

(b) 軸方向の円周振れ　軸方向の円周振れは，データム軸直線（A_D）から一定の距離にある円筒面（測定円筒）上で，データム軸直線に垂直な一つの幾何学的平面（P_A）から対象とした表面（K）までの距離の最大値と最小値との差（f）である（図 5.40）。

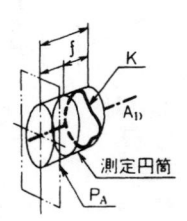

図 5.40　軸方向の円周振れ　(JIS B 0621)

(c) 斜め法線方向の円周振れ　斜め法線方向の円周振れは，対象とした表面に対する法線がデータム軸直線に対してある角度をもつ場合，その法線を母線とし，データム軸直線（A_D）を軸とする一つの円すい面（測定円すい）上で頂点から対象とした表面（K）までの距離の最大値と最小値との差（f）である（図 5.41）。

---

* 指定した方向とは，データム軸直線と交わり，データム軸直線に対して垂直な方向（半径方向），データム軸直線に平行な方向（軸方向）又はデータム軸直線と交わりデータム軸直線に対して斜めの方向（斜め法線方向及び斜め指定方向）をいう。

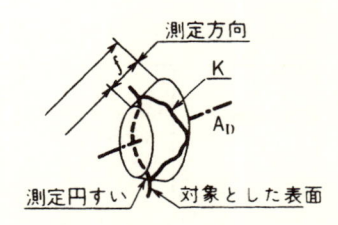

図 5.41 斜め法線方向の円周振れ（JIS B 0621）

(**d**) **斜め指定方向の円周振れ**　斜め指定方向の円周振れは，指定した方向が対象とした表面の法線方向にかかわりなく一定で，かつ，データム軸直線（A_D）に対してある角度（α）をもつ場合，その方向を与える直線を母線とし，データム軸直線を軸とする一つの円すい面（測定円すい）上で，頂点から対象とした表面（K）までの距離の最大値と最小値との差（f）である（図5.42）。

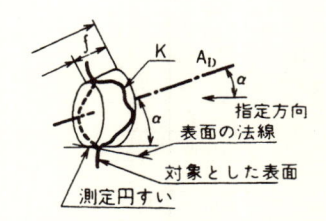

図 5.42　斜め指定方向の円周振れ（JIS B 0621）

(14) 全振れ

全振れとは，データム軸直線を軸とする円筒面をもつべき対象物又はデータム軸直線に対して垂直な円形平面であるべき対象物をデータム軸直線の周りに回転したとき，その表面が指定した方向*に変位する大きさをいう。

全振れは，指定した方向によって，それぞれ次の（a）又は（b）のように示す。

(**a**) **半径方向の全振れ**　半径方向の全振れは，データム軸直線に垂直な方向で，データム軸直線から対象とした表面までの距離の最大値と最小値との差である。

(**b**) **軸方向の全振れ**　軸方向の全振れは，データム軸直線に平行な方向で，データム軸直線に垂直な一つの幾何学的平面から対象とした表面までの距離の最大値と最小値との差である。

5.1.3　幾何偏差と公差域

上述の幾何偏差と取り得る公差域との関係は，表5.2のとおりである。

なお，円周振れ及び全振れの振れ特性については，従来，ダイヤルゲージを用いた測定方法の一つであったため，表5.2には含まれていない。

---

*　指定した方向とは，データム軸直線と交わり，データム軸直線に対して垂直方向（半径方向）又はデータム軸直線に平行な方向（軸方向）をいう。

表5.2 幾何偏差と公差域との関係 (JIS B 0621)

幾何偏差			偏差を表す領域 → 円又は球の内部 / 偏差の値 → 円又は球の直径	二つの同心円の中間 / 二円の半径の差	二つの等間隔の線又は平行な直線の中間 / 二線又は二直線の間隔	円筒の内部 / 円筒の直径	二つの同軸の円筒の中間 / 二円筒の半径の差	二つの等間隔の面又は平行な平面の中間 / 二面又は二平面の間隔	直方体の内部 / 直方体の二辺の長さ
真直度	(1) 一方向							○*	
	(2) 直角二方向								○*
	(3) 方向を定めない場合					○*			
	(4) 表面の要素				○*				
平面度								○*	
真円度				○*					
円筒度							○*		
線の輪郭度					○				
面の輪郭度								○	
平行度	(1) 直線形体とデータム直線	(a) 一方向						○	
		(b) 直角二方向							○
		(c) 方向を定めない場合				○*			
	(2) 直線形体又は平面形体とデータム平面							○	
	(3) 平面形体とデータム直線							○*	
直角度	(1) 直線形体又は平面形体とデータム直線							○	
	(2) 直線形体とデータム平面	(a) 一方向						○	
		(b) 直角二方向							○
		(c) 方向を定めない場合				○*			
	(3) 平面形体とデータム平面							○*	
傾斜度	(1) 直線形体とデータム直線	(a) 同一平面上						○	
		(b) 同一平面上にない場合						○	
	(2) 直線形体とデータム平面							○	
	(3) 平面形体とデータム直線又はデータム平面							○	
位置度	(1) 点		○					○	
	(2) 直線形体	(a) 一方向						○	
		参考 一平面上			○				
		(b) 直角二方向							○
		(c) 方向を定めない場合				○			
	(3) 平面形体							○	
同軸度	同軸度						○*		
	参考 同心度		○						
対称度	(1) 軸線	(a) データム中心平面						○	
		(b) データム軸直線 (直角二方向)							○
	(2) 中心面	(a) データム軸直線 (一方向)						○	
		(b) データム中心平面						○	

備 考 1. 円周振れ及び全振れの場合は省略。
2. *印は最小条件を満足するもの。

5.2 幾何公差

5.2.1 幾何公差の種類

幾何公差の種類は，表5.3に示す14種類である。

なお，最後の円周振れ及び全振れは，測定方法の一種であるから，幾何特性とはいい難いが，幾何公差の種類に属す。

表5.3 幾何公差の種類 (JIS B 0021)

公差の種類	特性	記号	データム指示
形状公差	真直度	—	否
	平面度	⌓	否
	真円度	○	否
	円筒度	⌭	否
	線の輪郭度	⌒	否
	面の輪郭度	⌓	否
姿勢公差	平行度	∥	要
	直角度	⊥	要
	傾斜度	∠	要
	線の輪郭度	⌒	要
	面の輪郭度	⌓	要
位置公差	位置度	⊕	要・否
	同心度(中心点に対して)	◎	要
	同軸度(軸線に対して)	◎	要
	対称度	≡	要
	線の輪郭度	⌒	要
	面の輪郭度	⌓	要
振れ公差	円周振れ	↗	要
	全振れ	↗↗	要

5.2.2 公差域

幾何公差は，幾何偏差の許容値である。この許容値，すなわち，指示された形体が公差域で規制される。

公差域は，次の一つである。

① 円の内部の領域

② 二つの同心円の間の領域

③ 二つの等間隔の線又は平行二直線の間の領域

④ 円筒内部の領域

⑤ 同軸の二つの円筒の間の領域

⑥ 二つの等間隔の表面又は平行二平面の間の領域

⑦ 球の内部の領域

なお，⑥の平行二平面の間の領域をX方向及びY方向に組み合わすと，直方体の公差域となる．

5.2.3 データム

(1) 単一データム

"データム (datum) は，形体の姿勢公差・位置公差・振れ公差などを規制するために設定した理論的に正確な幾何学的基準である（JIS Z 8114）"．図5.43にデータムの説明図を示す．

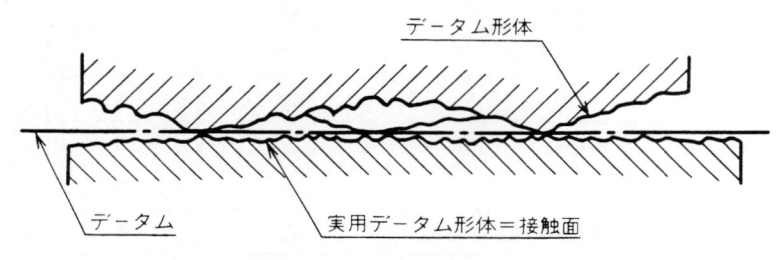

図5.43 データム（JIS B 0022）

図5.43のデータム形体（datum feature）からデータムを設定するが，データムは理論的なものであるから，実際的にはこのデータムをシミュレートする実用データム形体（simulated datum feature）が用いられる．例えば，精密定盤や工作機械のテーブルの表面である．データムが直線の場合には，ストレートエッジやストレートバーが用いられる．

データムを設定する方法は，第1章で述べたように，データセットから当てはめ方法によることができる．この方法は，大物部品に対してデータムを設定することはできない．

簡便的なデータムの設定は，精密定盤や工作機械のテーブルの表面のほかに，VブロックやLヨークなどが用いられる（図5.44）．

データムの図示	データム形体	データムの設定

1. データム――点

1.1 球の中心
付表図1.1（a） / 付表図1.1（b） / 付表図1.1（c）

データム＝最小外接球の中心
実用データム形体＝Vブロック上の4個の接触点（最小外接球によって表される。）

1.2 円の中心
付表図1.2（a） / 付表図1.2（b） / 付表図1.2（c）

円の実際の輪郭
実用データム形体＝最大内接円
データム＝最大内接円の中心

1.3 円の中心
付表図1.3（a） / 付表図1.3（b） / 付表図1.3（c）

円の実際の輪郭
実用データム形体＝最小外接円
データム＝最小外接円の中心

2. データム――線

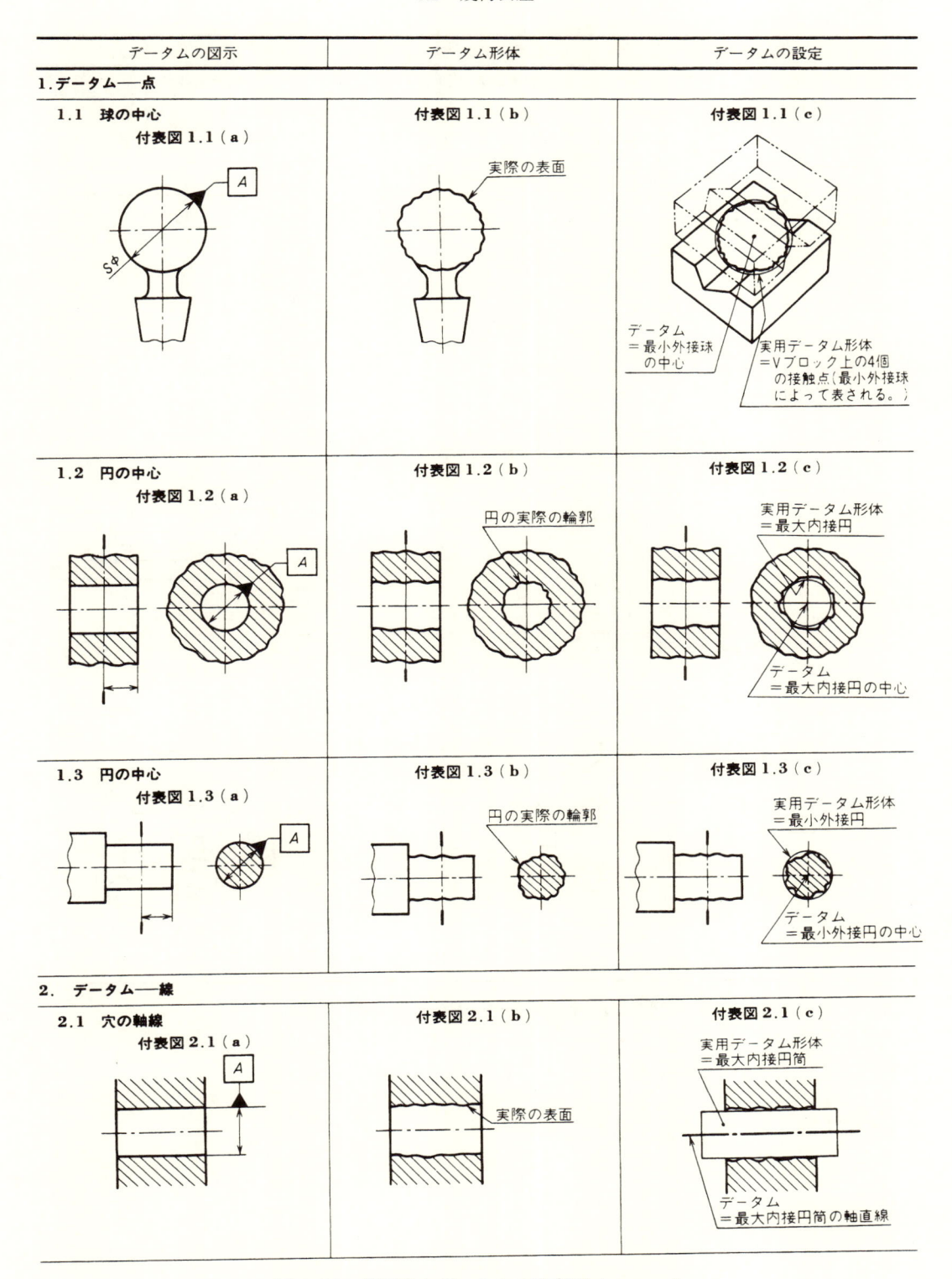

2.1 穴の軸線
付表図2.1（a） / 付表図2.1（b） / 付表図2.1（c）

実際の表面
実用データム形体＝最大内接円筒
データム＝最大内接円筒の軸直線

図5.44 簡便的なデータムの設定例 （JIS B 0022）

5. 幾何公差方式

データムの図示	データム形体	データムの設定
2.2 軸の軸線 付表図2.2（a）	付表図2.2（b） 実際の表面	付表図2.2（c） 実用データム形体＝最小外接円筒 データム＝最小外接円筒の軸直線

3. データム——平面

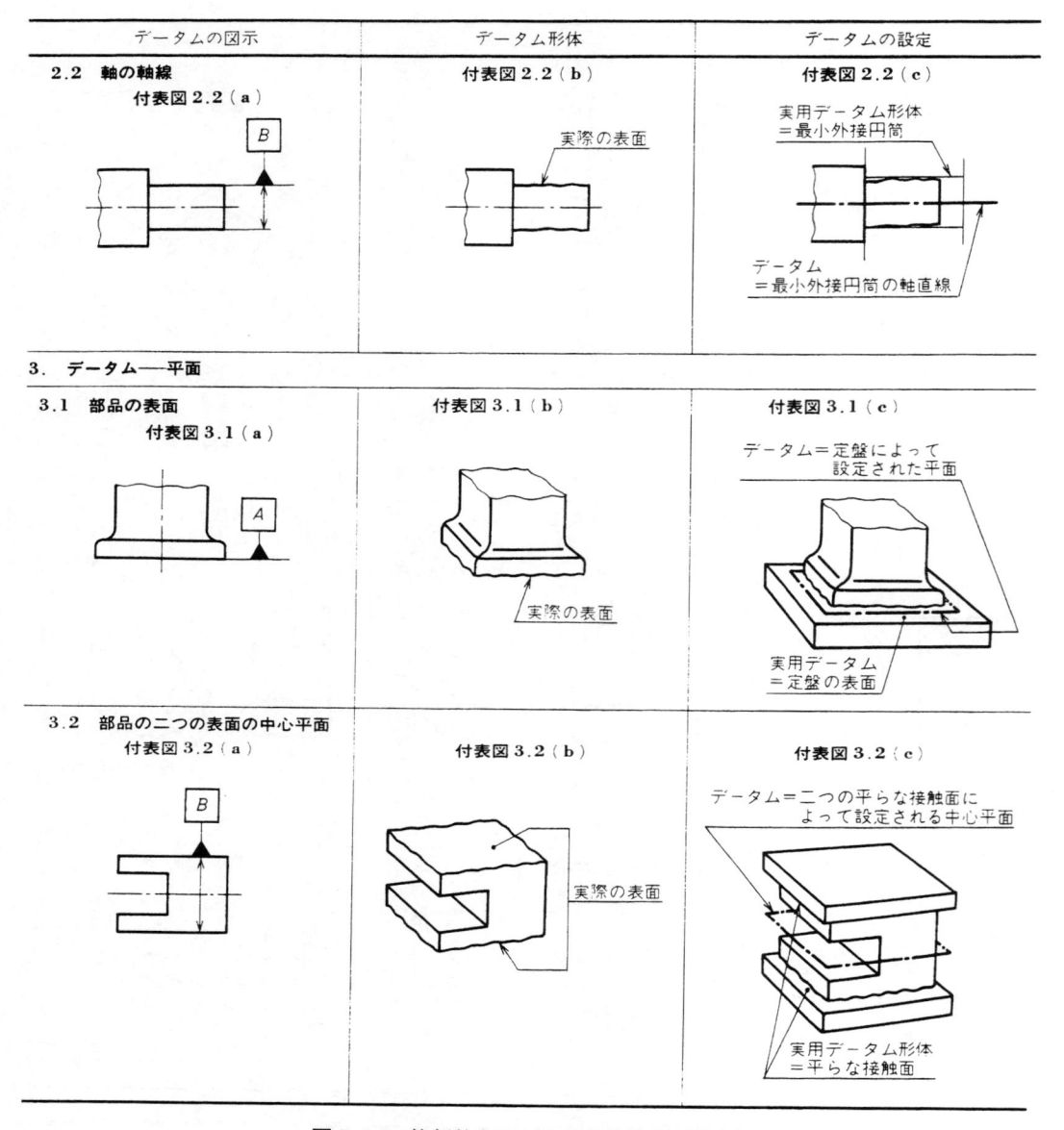

データムの図示	データム形体	データムの設定
3.1 部品の表面 付表図3.1（a）	付表図3.1（b） 実際の表面	付表図3.1（c） データム＝定盤によって設定された平面 実用データム＝定盤の表面
3.2 部品の二つの表面の中心平面 付表図3.2（a）	付表図3.2（b） 実際の表面	付表図3.2（c） データム＝二つの平らな接触面によって設定される中心平面 実用データム形体＝平らな接触面

図5.44 簡便的なデータムの設定例（続き）

軸ものの両側をチャックやしっくりはまり合う円筒を用いてデータム軸直線を設定する方法は，簡便的なデータムの設定方法である（図 5.45）。

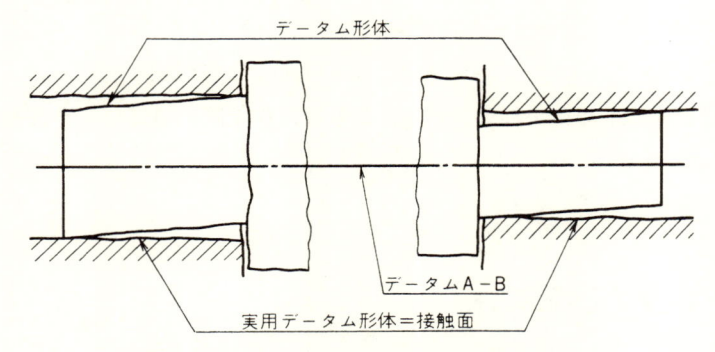

図 5.45 データム軸直線の例（JIS B 0022）

もっと簡便的なデータムの設定の仕方は，両円筒センタを用いる方法である（図 5.46）。

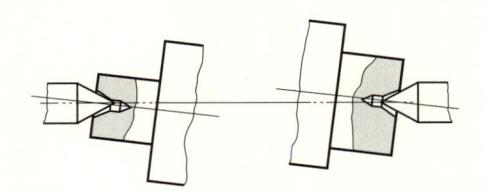

図 5.46 両センタ穴から共通データムを設定する例

（2）データム系

JIS Z 8114 では，データム系（datum system）を次のように定義している。

"一つの関連形体の基準とするために，個別に二つ以上のデータムを組み合わせて用いる場合のデータムのグループ。"

データムを正座標系に関係づける場合，これを三平面データム系（three coordinate datum system）という（図 5.47）。

参考 ASME Y14.5M では，Datum reference system という。

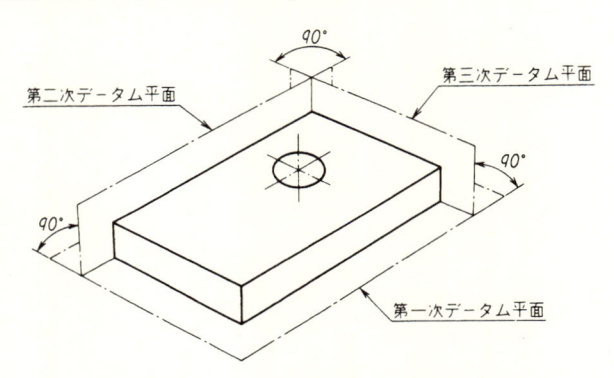

図 5.47 三平面データム系（JIS B 0022）

5.2.4 データムターゲット

鋳造・鍛造品のような不成形な表面をもつ形体に対して，特定の点，直線又は領域から新たなデータムを設定することができる。これらはデータムターゲット（datum target）と呼ばれるものである。JIS Z 8114では，データムターゲットを次のように規定している。

"データムを設定するために，加工，測定及び検査用の装置，器具などを接触させる対象物上の点，線又は限定した領域。"

5.3 幾何公差の図示方法

5.3.1 一般的事項

図面に指示する幾何公差は，設計要求として必要不可欠なところだけに指示する。指示された幾何公差は，特に指示された場合を除いて，特定の検証方法（verification method）を要求するものではない。

5.3.2 付加記号

幾何公差は，公差記入枠（toleranced frame）の中に表5.3の幾何特性記号を用いて指示されるが，表5.4に示す付加記号を用いて要求事項を更に明確にすることができる。個々の記号については，該当の節・項を参照されたい。

一つの形体に対して，複数の幾何公差を指示することができるが，指示に矛盾があってはならない。そして公差域内では，限定した要求事項，例えば，注記がない限り，形体のどのような形状，姿勢であってもよい。

関連形体（データムに関連した形体）に指示した幾何公差は，データム形体自身の形状偏差を規制することはできない。データム形体に形状公差を指示することはできる。

5.3 幾何公差の図示方法

表 5.4 付加記号 (JIS B 0021)

説明	記号
公差付き形体指示	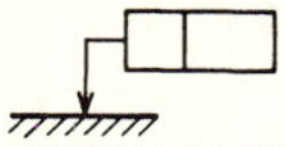 (図)
データム指示	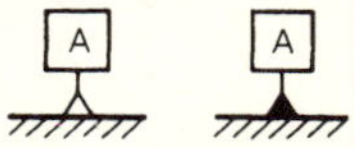 A / A
データムターゲット	 φ2/A1
理論的に正確な寸法	50
突出公差域	Ⓟ
最大実体公差方式	Ⓜ
最小実体公差方式	Ⓛ
自由状態(非剛性部品)	Ⓕ
全周(輪郭度)	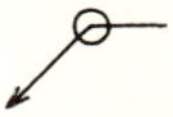 (記号)
包絡の条件	Ⓔ
共通公差域	CZ

参考 P, M, L, F, E及びCZ以外の文字記号は，一例を示す。

5.3.3 公差記入枠への記入

幾何公差特性記号，公差値あるいは必要に応じてデータム文字記号（datum letter）を次の順序でたて線で区切って，公差記入枠内に記入する（図5.48, 図5.49, 図5.50及び図5.51）。

なお，データムは，三次元まで指定でき，アルファベットの大文字を用いる。

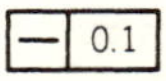

| ― | 0.1 | | // | 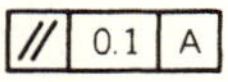 0.1 | A | | ⊕ | 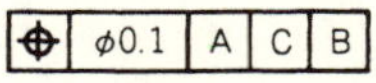 φ0.1 | A | C | B | | ⊕ | 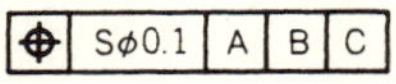 Sφ0.1 | A | B | C |

図 5.48　　**図 5.49**　　**図 5.50**　　**図 5.51**
(JIS B 0021)　(JIS B 0021)　(JIS B 0021)　(JIS B 0021)

公差記入枠の積み重ねはできるが，指示内容に矛盾があってはならない。

公差記入枠と公差が指示される形体，すなわち，公差付き形体（toleranced feature）への示し方は，次のルールがある。

① 単一の線又は単一の表面に幾何公差を指示する場合には，それらを表す外形線又はその延長線に直接公差記入枠から出た指示線を垂直に当てる（図5.52）。指示線の方向に公差

(a) (b)

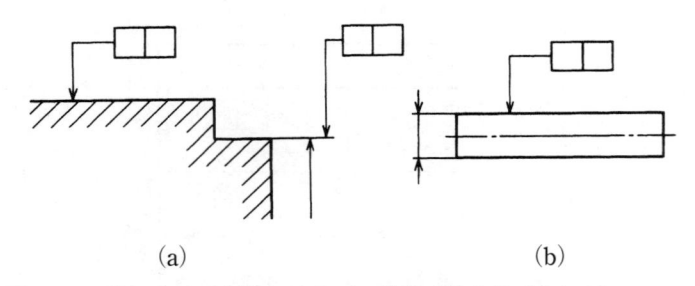

図 5.52　単一の線又は単一の表面に幾何公差を指示する例（JIS B 0021）

② 投影図に実形が描かれている形体に幾何公差を指示する場合には，その表面に指示線の端末記号を黒丸に変える（図 5.53）。

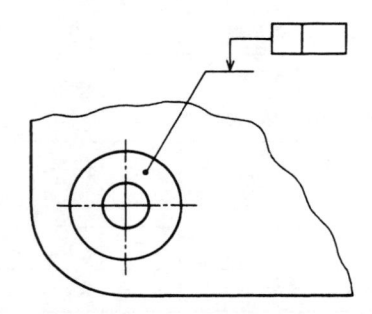

図 5.53　実形に幾何公差を指示する例（JIS B 0021）

③ 中心点（point），軸線（axis）あるいは中心平面（median plane）に幾何公差を適用する場合には，その形体の寸法線の延長線上に指示する（図 5.54）。

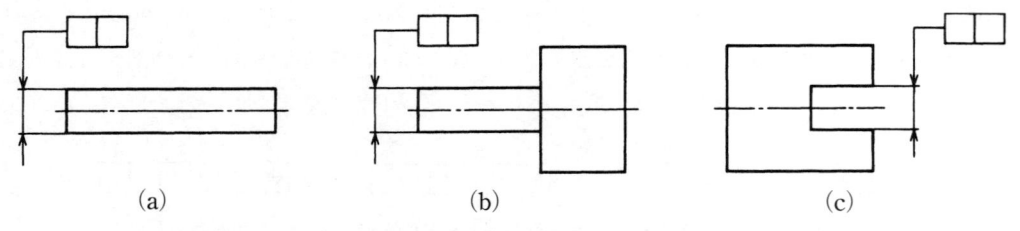

(a)　　　　　　　　(b)　　　　　　　　(c)

図 5.54　軸線，中心平面などに幾何公差を指示する例（JIS B 0021）

④ 公差域の方向を指定する場合には，その方向を角度で指定する（図 5.55）。
　　データムに対して一定の指定角度で偏差が測定できるので，測定が簡単にできる。

5.3 幾何公差の図示方法

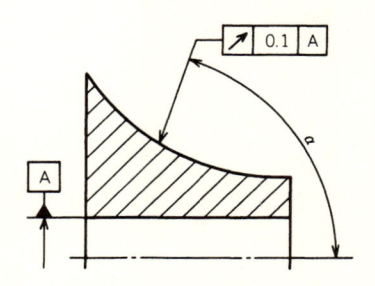

図5.55 公差域の方向を指定する例（JIS B 0021）

5.3.4 データムの指示

データムは，JIS B 0021及びJIS B 0022によって次のように指示する。

① データムは，データム文字記号を用いて示す。正方形の枠で囲んだ大文字を，塗りつぶしたデータム三角記号又は塗りつぶさないデータム三角記号とを結んで示される（図5.56及び図5.57）。データムとして指定した同じデータム文字記号を公差記入枠へも記入する。塗りつぶしたデータム三角記号と塗りつぶさないデータム三角記号との間に意味の違いはない。しかし，同一図面又は一連の図面には，いずれかに統一して指示する。

図5.56 (JIS B 0021)　　　**図5.57** (JIS B 0021)

② データム文字記号を伴うデータム三角記号は，データムが線又は面である場合には，形体の外形線上又は外形線の延長線上（寸法線の位置から明確に離す。）に指示する（図5.58）。データム三角記号は，面を示した点に引出線を当てて，参照線上に指示してもよい（図5.59）。

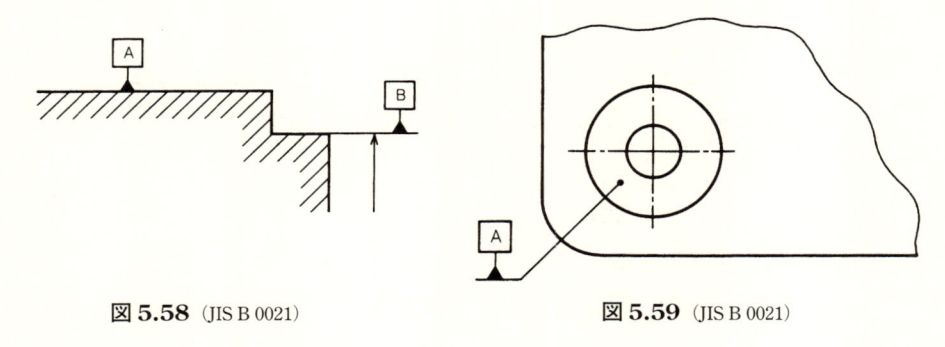

図5.58 (JIS B 0021)　　　**図5.59** (JIS B 0021)

③ 寸法指示された形体で定義されたデータムが軸線又は中心平面若しくは点である場合には，寸法線の延長上にデータム三角記号を指示する（図5.60〜図5.62）。二つの端末記号

を記入する余地がない場合には，それらの一方はデータム三角記号に置き換えてもよい（図 5.61 及び図 5.62）。

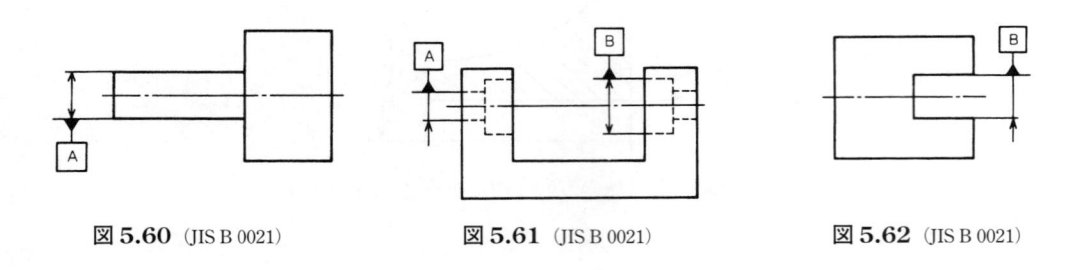

図 5.60 (JIS B 0021)　　図 5.61 (JIS B 0021)　　図 5.62 (JIS B 0021)

④　データムをデータム形体の限定した部分だけに適用する場合には，この限定部分を太い一点鎖線と寸法指示によって示す（図 5.63）。

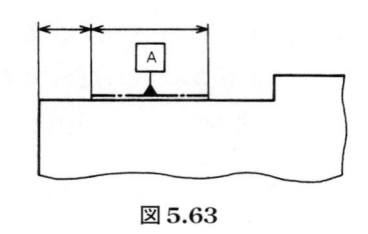

図 5.63

⑤　単独形体によって設定されるデータムは，一つの英大文字を用いる（図 5.64）。

二つの形体によって設定されるデータムは，ハイフンで結んだ二つの英大文字を用いる（図 5.65）。

データム系が二つ又は三つの形体，すなわち，複数のデータムによって設定される場合には，データムに用いる英大文字は形体の優先順位に左から右へ，別々の区画に指示する（図 5.66）。

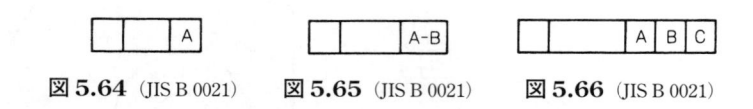

図 5.64 (JIS B 0021)　　図 5.65 (JIS B 0021)　　図 5.66 (JIS B 0021)

5.3.5　データムターゲットの指示

データムターゲットの図面への指示は，表 5.5 に示すデータムターゲット記号を用いて，データムターゲットを図示した形体表面が現れる投影図に指示する。データムターゲット点（datum target point），データムターゲット線（datum target line）及びデータムターゲット領域（datum target area）の指示例を，それぞれ図 5.67，図 5.68 及び図 5.69 に示す。

5.3 幾何公差の図示方法

表 5.5 データムターゲット記号 (JIS B 0022)

用 途		記 号	備 考
データムターゲットが点のとき		✕	太い実線の×印とする。
データムターゲットが線のとき		✕—✕	二つの×印を細い実線で結ぶ。
データムターゲットが領域のとき	円の場合	⊘	原則として，細い二点鎖線で囲み，ハッチングを施す。ただし，図示が困難な場合には細い二点鎖線の代わりに細い実線を用いてもよい。
	長方形の場合	▨	

備 考 1. データムターゲット記号は，データムターゲットを図示した表面がわかりやすい投影図に示す。
2. データムターゲットの位置は，主投影図に図示するのがよい（図 6.67, 図 6.68, 図 6.69）。

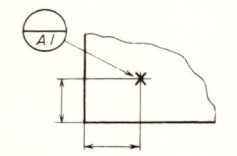

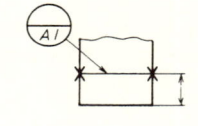

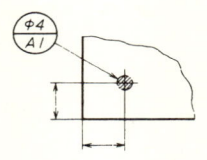

図 5.67 データムターゲット点の指示例 (JIS B 0022)

図 5.68 データムターゲット線の指示例 (JIS B 0022)

図 5.69 データムターゲット領域の指示例 (JIS B 0022)

もちろん軽量部品の場合にはデータムターゲット点の数点で支えることができるが，重い部品の場合にはデータムターゲット領域で支えることになる。この場合，第1優先データムをデータムターゲットから設定する場合には，少なくとも三つが，第2優先データムは少なくとも二つが，そして第3優先データムは少なくとも一つが必要である。これを3-2-1方式という。

データムターゲットの指示例を図 5.70 に示す。

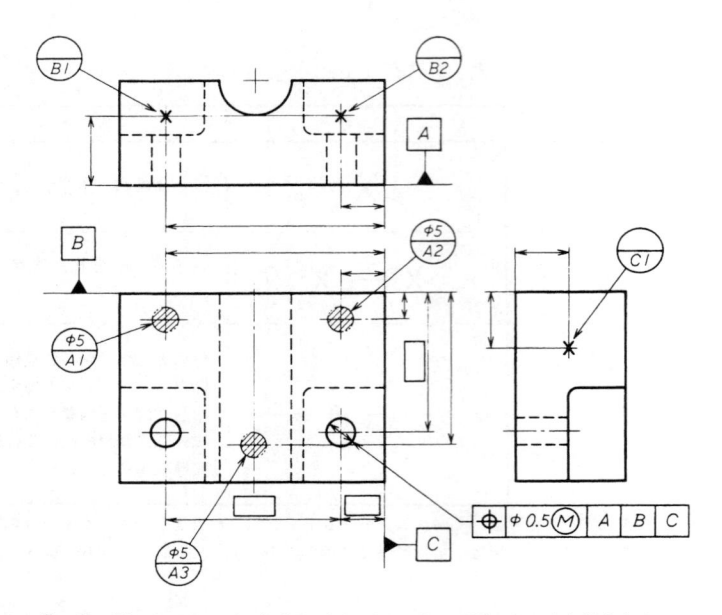

備 考 データムターゲット A1, A2, A3 によってデータム A を設定する。
データムターゲット B1, B2 によってデータム B を設定する。
データムターゲット C1 によってデータム C を設定する。

図5.70 データムターゲットの指示例 (JIS B 0022)

5.3.6 特定の要求事項

公差域に対して，特定の要求をする場合には，次のように指示される。

① 公差域が平行二直線又は平行二線の間であることを要求する場合には，幾何公差の公差値を指示 (図5.48及び図5.49を参照)。

② 公差域が円筒の内部であることを要求する場合には，幾何公差の公差値の前に記号 ϕ を指示 (図5.50を参照)。

③ 公差域が球の内部であることを要求する場合には，幾何公差の公差値の前に記号 $S\phi$ を指示 (図5.51を参照)。

④ 公差域が直方体の内部であることを要求する場合には，幾何公差を二方向に指示 (図5.71)。

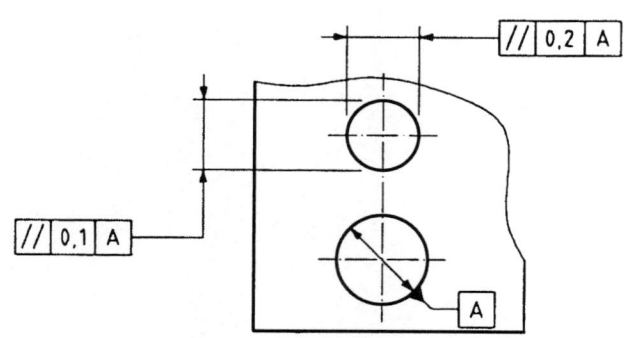

図5.71 公差域が直方体の内部であることを要求する場合の例

5.3 幾何公差の図示方法

⑤ 複数の個々の形体に同じ公差を要求する場合には，個々の形体に指示線の矢を指示する（図5.72）。その公差域は，図5.73に示すように，個々に独立している。形体の高低差は，高さ方向の寸法によって規制される。

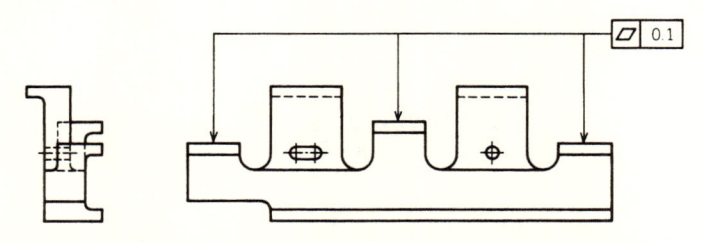

図5.72 複数の個々の形体に同じ公差を要求する場合の例（JIS B 0021）

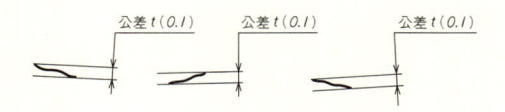

図5.73 図5.72の公差域（JIS B 0021：1983）

⑥ 複数の形体に共通の公差を要求する場合には，個々の形体に指示線の矢を指示し，更に幾何公差の公差値の後に記号 CZ を指示する（図5.74）。その公差域は，図5.75に示すように同一であり，図5.72の指示よりも形体が厳しく規制される。形体の高低差は，高さ方向の一つの寸法によって規制され，その公差域内では，形体の姿勢は問われない。

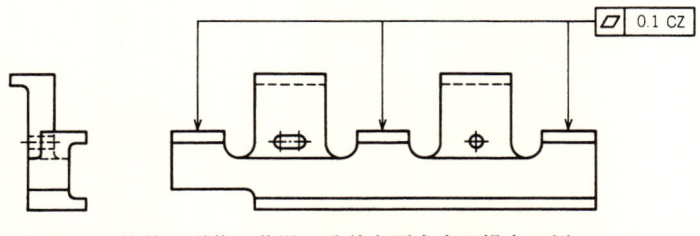

図5.74 複数の形体に共通の公差を要求する場合の例（JIS B 0021）

図5.75 図5.74の公差域（JIS B 0021：1983）

5.3.7 補足事項の指示

① 輪郭度公差を図示した状態で，その全周に適用する場合には，指示線の折れたところに記号○を指示（図5.76）。

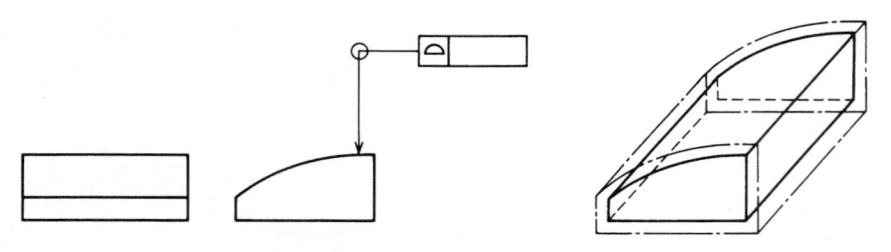

図 5.76　全周記号の指示例（JIS B 0021）

② ねじの部分に幾何公差を指示した場合には，特に指示がないと有効径に対して適用される。しかし，その検証には多くの時間を要するので，ねじ外径やねじ内径に幾何公差又はデータムを指示することができる。この場合，最大径には MD を（図 5.77），最小径には LD を指示する。

参考　MD は Major Diameter を意味し，LD は Least Diameter を意味する。

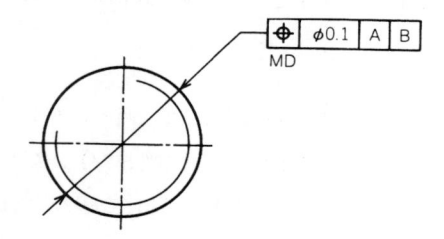

図 5.77　ねじ形体に MD を指示する例（JIS B 0021）

③ データムに対してもねじの最大径には MD を（図 5.78），最小径には LD を指示する。

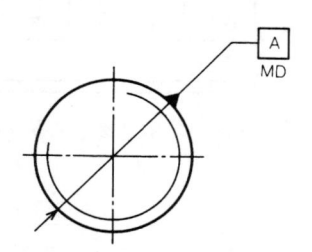

図 5.78　データム形体に MD を指示する例（JIS B 0021）

④ 幾何公差を形体の限定した部分に適用する場合には，太い一点鎖線に指示線を当てる（図 5.79）。

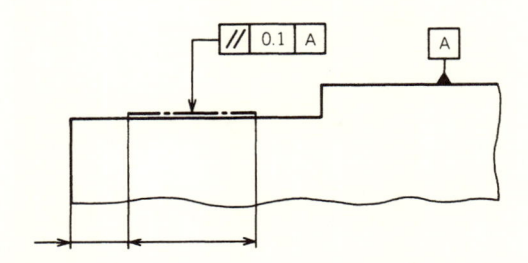

図 5.79 幾何公差を形体の限定した部分に適用する場合の例 (JIS B 0021)

5.3.8 理論的に正確な寸法

形体の輪郭，姿勢あるいは位置を規制する場合には，公差のない寸法，すなわち，理論的に正確な寸法 (theoretically exact dimension : TED) に対して公差が設定される．理論的に正確な寸法は，他の寸法と区別するために，寸法数値を長方形の枠で囲んで示す（図 5.80 及び図 5.81）．

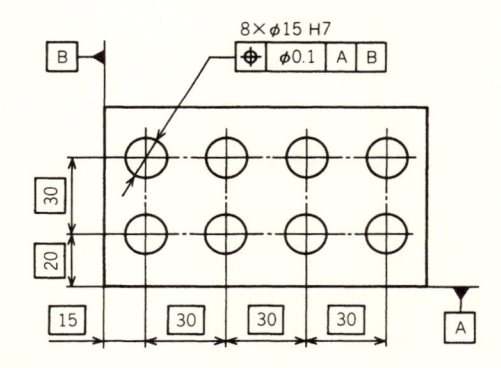

図 5.80 位置度公差に理論的に正確な寸法を指示する例 (JIS B 0021)

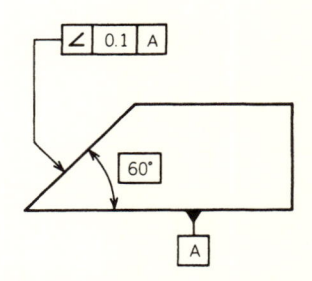

図 5.81 傾斜度公差に理論的に正確な寸法を指示する例 (JIS B 0021)

5.3.9 代替幾何特性

幾何特性 14 種類のうち，どの特性を選択するかは，重要である．設計要求に合った幾何特性を選ぶべきであるが，製造時の検証，測定室での検証，市場におけるサービス店での測定に用いる検証機器の種類，測定者の技能などを考慮しなければならない．

代替幾何特性の目安は，次のとおりである．
- ① 輪郭度公差：多くの幾何特性の代替ができる．検証は，かなりの困難を伴う．
- ② 振れ公差：多くの幾何特性の代替ができる．ダイヤルゲージを使用するため，検証は簡単である．
- ③ 円筒度公差：真直度公差，真円度公差及び相対向する円筒母線の平行度公差で代替ができる．
- ④ 同軸度公差：位置度公差，面の輪郭度公差及び全振れ公差で代替ができる．
- ⑤ 位置度公差：すべてではないが，平面度公差，直角度公差，傾斜度公差及び対称度公差の代替ができる．

5.3.10 なぜ幾何公差が必要か

幾何公差は，設計者が部品の互換性と所定の機能を求めるために必要な幾何学的な寸法及び公差のシステムであり，設計，生産技術，製造，検査間のコスト低減を図るツールである．

特に，会社全体が幾何公差方式を採用し，第6章で述べる最大実体公差方式を適用すると，大きな経済効果が生まれることが実証されている．

以上から，次の場合に幾何公差を図面に適用するとよい．
- ① はまり合う形体が機能的に厳しい要求があるとき．
- ② はまり合う形体の互換性が厳しく要求されるとき．
- ③ 公差の検証方法を図面上に暗示したい場合．
- ④ ゲージ手法が望ましい場合．

6. 最大実体公差方式及び最小実体公差方式

組み合わせられる形体の個々の寸法が指示された公差内にあって，幾何公差を少し逸脱しても，組み付くことがある。このような場合に，サイズをもち，軸線又は中心平面をもつ形体に特定の幾何公差を指示した場合，最大実体公差方式を適用することによって，組付けを確実なものにし，格段の経済効果が期待できる。この最大実体公差方式は，設計のツールとして重要な役割を演ずる。

また，同軸又は同一中心面をもつ外側形体と内側形体とに特定の幾何公差を指示して最小実体公差方式を適用することによって，最小肉厚を確保することができる。

この章では，これらの考え方と適用の仕方について述べる。

6.1 最大実体公差方式

6.1.1 定義

最大実体公差方式(maximum material requirement：MMR)は，アメリカ(America)，イギリス(Britain)及びカナダ(Canada)のABC 3国で部品の互換性を確実なものとするために，武器製造の部品に適用したことに端を発している。

最大実体公差方式の定義は，次のとおりである。

"個々の対象としている形体がその最大実体状態（maximum material condition：MMC)から離れて仕上がったとき，寸法公差と幾何公差とが互いに依存し，追加的な公差を許容することを指示する場合に適用する公差方式。"

6.1.2 最大実体公差方式の指示

最大実体公差方式を適用することを要求する場合には，公差記入枠内の公差値のすぐ後に記号 Ⓜ を指示する（図6.1）。

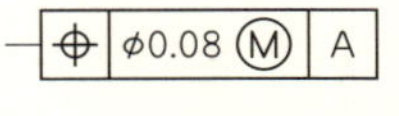

図6.1　記号 Ⓜ を公差値に指示した例

図6.1の形体への指示は，"この形体は，データムAに対して，最大実体状態で位置度 $\phi 0.08$ を許容する."と読む．形体は，寸法の許容限界内で，最小実体状態のほうへ離れて仕上がった場合には，その離れた寸法分だけ幾何公差を増加させることができる．

6.1.3 用語の意味

JIS B 0023では，最大実体公差方式に関する用語の意味について，次のように規定している．

① **局部実寸法**（actual local size）　形体の任意の断面における個々の距離，すなわち，任意の相対する2点間で測定した寸法［図6.2(b)及び図6.3(b)］．

② **外側形体のはまり合う寸法**（mating size of external feature）　形体の表面の最も高い点で接触して，その形体に外接する最小の完全形体の寸法．

例えば，表面の最も高い点に接触する，完全形状の最小円筒の寸法又は完全形状の二つの平行平面間の最短距離［図6.2(b)及び図6.3(b)］．

③ **内側形体のはまり合う寸法**（mating size of internal feature）　形体の表面の最も高い点で接触して，その形体に内接する最大の完全形体の寸法．

例えば，表面の最も高い点に接触する，完全形状の最大円筒の寸法又は完全形状の二つの平行平面間の最長距離［図6.2(b)及び図6.3(b)］．

④ **最大実体状態**（maximum material condition：MMC）　形体のどこにおいても，その形体の実体が最大となるような許容限界寸法．

例えば，最小の穴径，最大の軸径をもつ形体の状態［図6.2(b)及び図6.3(b)］．
なお，形体の軸線は，真直である必要はない．

⑤ **最大実体寸法**（maximum material size：MMS）　形体の最大実体状態を決める寸法［図6.2(b)及び図6.3(b)］．

⑥ **最小実体状態**（least material condition：LMC）　形体のどこにおいても，その形体の実体が最小となるような許容限界寸法．

例えば，最大の穴径，最小の軸径をもつ形体の状態［図6.2(b)及び図6.3(b)］．

⑦ **最小実体寸法**（least material size：LMS）　形体の最小実体状態を決める寸法［図6.2(b)及び図6.3(b)］．

⑧ **実効状態**（virtual condition：VC）　図面指示によってその形体に許容される完全形状の限界であり，この状態は最大実体寸法と幾何公差との総合効果によって生じる［図6.2(b)及び図6.3(b)］．

⑨ **実効寸法**（virtual size：VS）　形体の実効状態を決める寸法［図6.2(b)及び図6.3(b)］．

6.1 最大実体公差方式

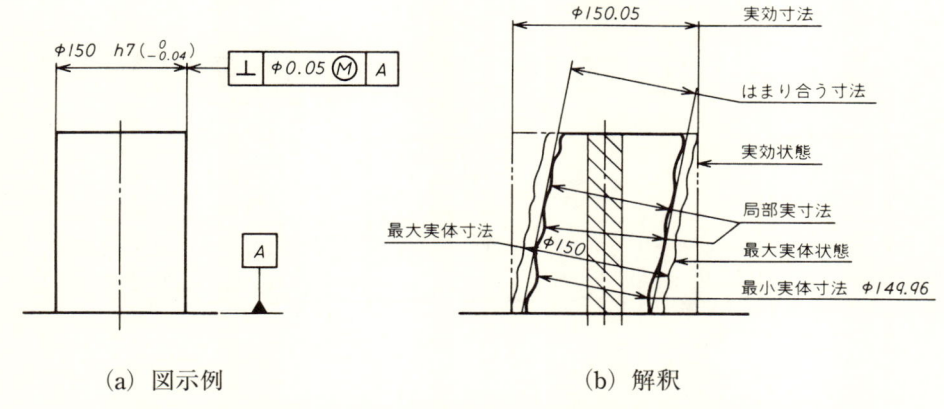

(a) 図示例   (b) 解釈

図 6.2 最大実体公差方式に関する用語（外側形体の場合）(JIS B 0023)

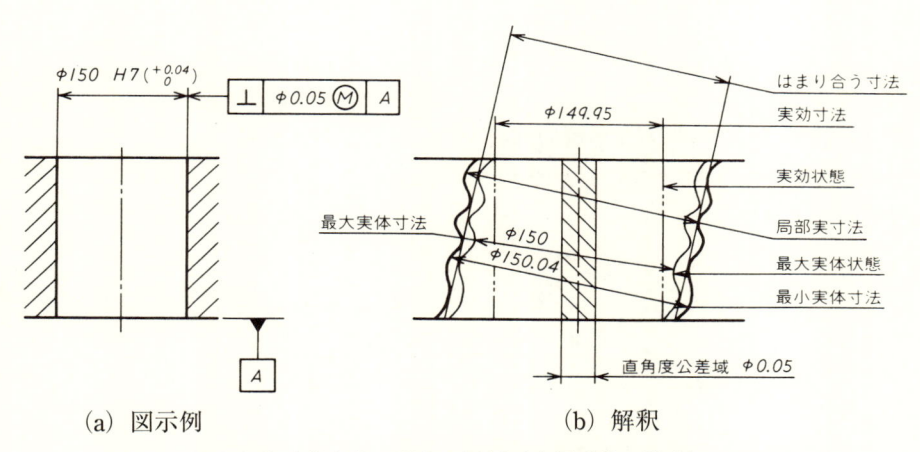

(a) 図示例   (b) 解釈

図 6.3 最大実体公差方式に関する用語（内側形体の場合）(JIS B 0023)

形体の軸線は最大実体状態で真直である必要はないが，最大実体状態で完全形状（perfect form）を要求する場合には第3章で述べた包絡の条件 Ⓔ を指示する［図 6.4 (a) 及び図 6.5 (a)］。

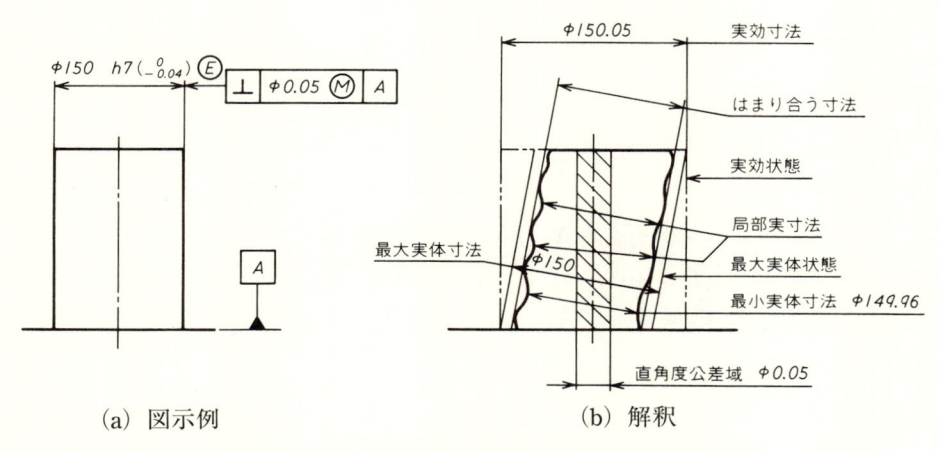

(a) 図示例   (b) 解釈

図 6.4 最大実体状態で完全形状を要求する例（外側形体の場合）(JIS B 0023)

(a) 図示例　　　　　　　　　　　　(b) 解釈

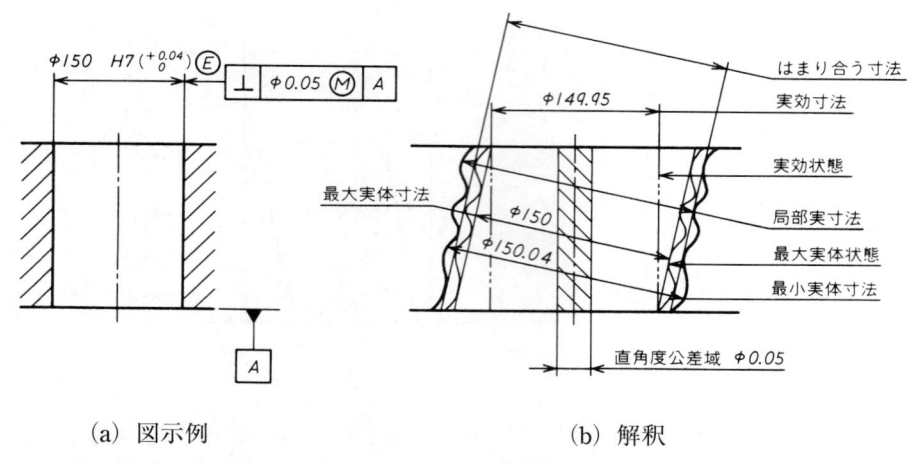

図 6.5　最大実体状態で完全形状を要求する例（内側形体の場合）（JIS B 0023　参考図 1）

6.1.4　公差付き形体への Ⓜ 指示例の解釈

四つ穴の位置度公差に Ⓜ を指示した例を図 6.6 に示す。

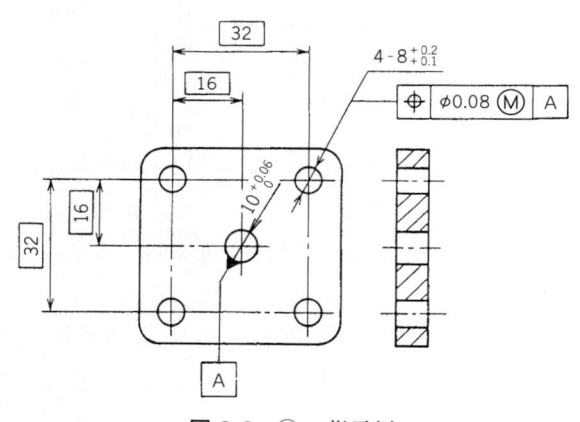

図 6.6　Ⓜ の指示例

図 6.6 に対する設計要求は，次のとおりである。

① 四つの穴の局部実寸法（actual local size）は，$\phi 8.1$ と $\phi 8.2$ との間にあればよい［図 6.7 (a) 及び図 6.7 (b)］。

② 四つの穴の軸線は，データム A に関して，最大実体状態で理論的に正確な寸法（32 × 32）の位置に中心をもつ $\phi 0.08$ の円筒公差域内になければならない。［図 6.7 (a)］。

③ 四つの穴の軸線は，データム A に関して，最小実体状態で理論的に正確な寸法（32 × 32）の位置に中心をもつ $\phi 0.18$ の円筒公差域内になければならない。［図 6.7 (b)］。

④ 四つの穴は，データム A に関して，理論的に正確な寸法（32 × 32）の位置に中心をも

ち，実効状態の境界の外側になければならない［図6.7(a)及び図6.7(b)］。

なお，実効状態（virtual condition）は，実効寸法［$\phi 8.02$（＝$\phi 8.1 - \phi 0.08$）］によって定まる状態である。

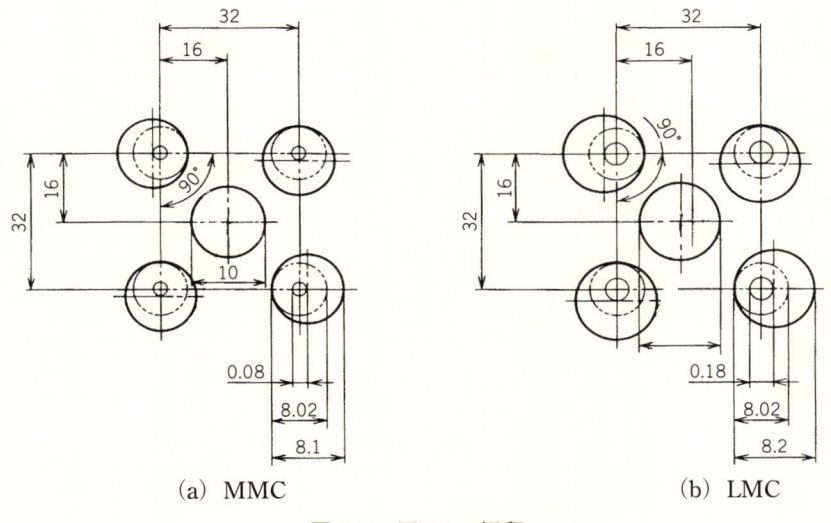

(a) MMC (b) LMC

図6.7 図6.6の解釈

6.1.5 公差付き形体及びデータムへの Ⓜ 指示例

最大実体公差方式Ⓜを公差及びデータムへ適用することを要求する場合には，公差値のすぐ後及びデータム文字記号の後に記号Ⓜを指示する（図6.8）。

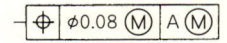

図6.8 記号Ⓜを公差値に指示した例

フランジの中央部分にデータム穴をもつ。すなわち，図6.9は四つの穴に位置度公差を指示して最大実体公差方式を適用し，データム穴Aにも最大実体公差方式を適用した例である。

なお，最大実体公差方式をデータム形体に適用する場合には，データム形体が両許容限界寸法内でその最大実体寸法（MMS）から離れていると，データム軸直線又は中心平面は公差付き形体に関連して浮動（floating）することを許容し，データム文字記号のすぐ後に記号Ⓜを指示する（JIS B 0023）。

なお，データム形体がその最大実体寸法から離れた寸法分は，関連する公差付き形体の公差に加えることはできない。

6.1.6 公差付き形体及びデータムへの Ⓜ 指示例の解釈

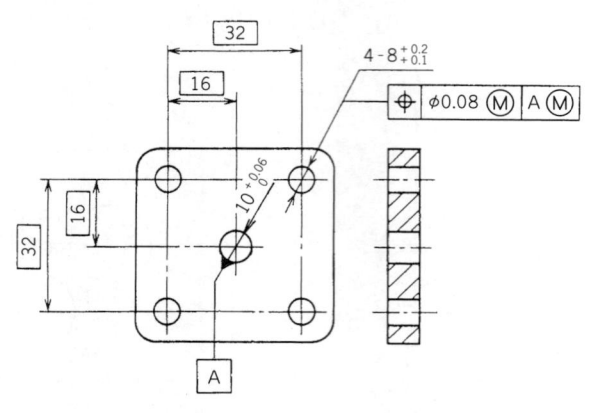

図6.9 Ⓜ の指示例

図6.9に対する設計要求は，次のとおりである。

① 四つの穴の局部実寸法（actual local size）は，$\phi 8.1$ と $\phi 8.2$ との間にあればよい［図6.10(a)及び図6.10(b)］。

② 四つの穴の軸線は，データムAに関して，最大実体状態で理論的に正確な寸法（32×32）の位置に中心をもつ $\phi 0.08$ の円筒公差域内になければならない。［図6.10(a)］。

③ 四つの穴の軸線は，データムAに関して，最小実体状態で理論的に正確な寸法（32×32）の位置に中心をもつ $\phi 0.18$ の円筒公差域内になければならない。［図6.10(b)］。

④ 四つの穴は，データムAに関して，最小実体状態で理論的に正確な寸法（32×32）の位置に中心をもつ $\phi 0.18$ の円筒公差域内にあり，かつ，寸法が $\phi 8.1$ の最大実体寸法のときには，$\phi 8.02$（$=\phi 8.1-\phi 0.08$）の完全形状の境界の外側になければならない［図6.10(a)及び図6.10(b)］。

⑤ データム形体の軸線は，データム形体の最大実体寸法から離れているときには，四つの穴形体の位置の実効状態に関連して，この離れた寸法分だけ浮動してもよい［図6.10(b)］。

(a) MMC (b) LMC

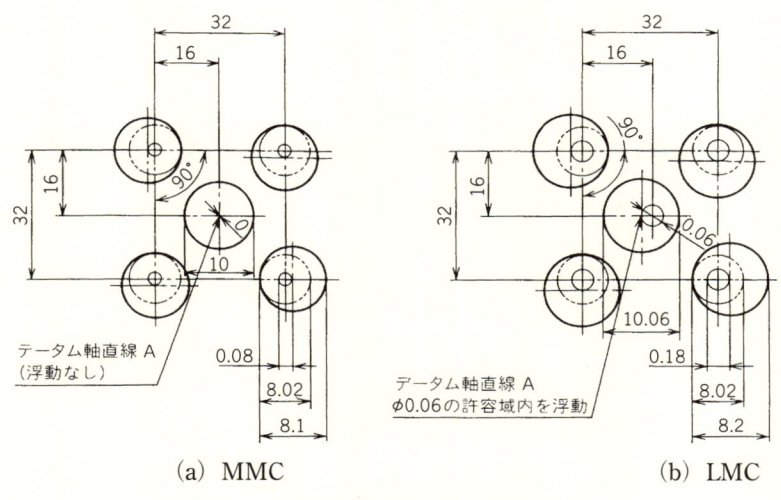

図 6.10　図 6.9 の解釈

6.2　複合位置度公差方式

形体グループは，データムに対してしかるべき位置にあり，隣り合う形体同士はより厳しい位置にあることが要求される場合，複合位置度公差方式（composite positional tolerancing）が指示される（図 6.11）。

この場合，上段の公差記入枠には形体グループの位置度公差が，下段の公差記入枠には隣り合う形体同士の位置度公差が指示される。

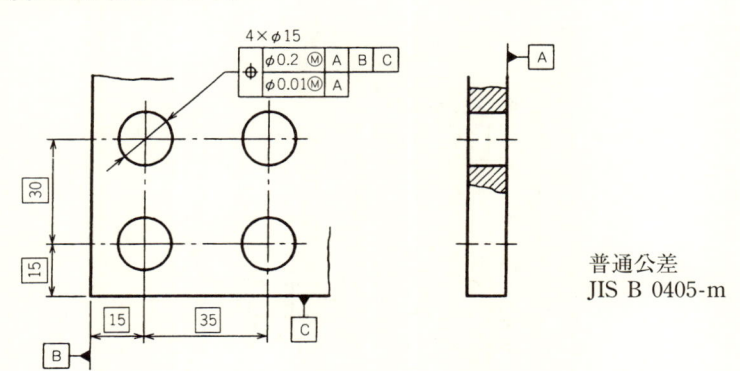

図 6.11　複合位置度公差方式の指示例

図 6.11 の指示例に対する設計要求は，次のとおりである。

① 　四つの穴の個々の直径は，JIS B 0405 の m 級を適用すると，φ15 の公差は ±0.2 であるから，φ14.8 〜 φ15.2 であればよい。

② 　四つの穴のグループは，最大実体寸法が φ14.8 のとき，データム A，B 及び C に対して

理論的に正確な位置にある公差域 $\phi 0.2$ の中になければならない。
③ 四つの穴のグループは，最小実体寸法が $\phi 15.2$ のとき，データム A，B 及び C に対して理論的に正確な位置にある公差域 $\phi 0.6$ の中になければならない。
④ 四つの穴の円筒は，データム A，B 及び C に対して理論的に正確な位置に中心をもつ実効寸法 $\phi 14.6$（$= \phi 14.8 - \phi 0.2$）の境界の外になければならない。

そして，個々の隣り合う穴同士に対する要求事項は，次のとおりである。
① 四つの穴の個々の直径は，$\phi 15$ の公差は ± 0.2 であるから，$\phi 14.8 \sim \phi 15.2$ であればよい。
② 四つの穴の中心は，最大実体寸法が $\phi 14.8$ のとき，データム A，B 及び C に対して理論的に正確な位置にある公差域 $\phi 0.01$ の中になければならない。
③ 四つの穴の中心は，最小実体寸法が $\phi 15.2$ のとき，データム A，B 及び C に対して理論的に正確な位置にある公差域 $\phi 0.41$ の中になければならない。
④ 四つの穴の円筒は，データム A，B 及び C に対して理論的に正確な位置に中心をもつ実効寸法 $\phi 14.79$（$= \phi 14.8 - \phi 0.01$）の境界の外にあり，データム A に対して垂直で，MMC のとき $\phi 0.01$ の円筒中になければならない。

6.3　突出公差域

組み付く相手の形体の厚さ分だけ形体から突出したところへ公差域を設定して，形体の姿勢又は位置を規制する場合，突出公差域を指示する（図 6.12）。

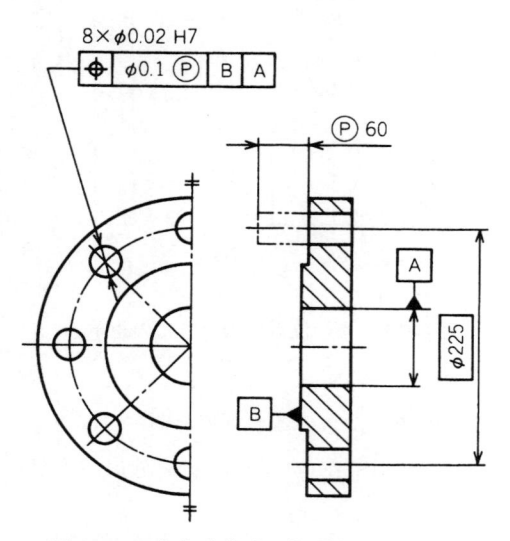

図 6.12　突出公差域の指示例（JIS B 0021）

6.4 幾何公差特性と最大実体公差方式

図 6.12 の Ⓟ は，その背後の Ⓜ があるものとして解釈する。現に，ASME Y14.5M では図 6.13 に示すように Ⓜ と Ⓟ とを指示することを規定している。それは，突出公差域が機能ゲージ手法[1]を意図しているからである。ⓂⓅ のすぐ後の数値 14 は，突出高さを示す。

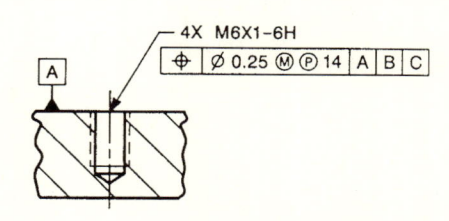

図 6.13 ASME Y14.5M の突出公差域の指示例

突出公差域の代わりに位置度公差を指示することはできる。その場合には，小さな位置度公差を指示する必要がある。

6.4 幾何公差特性と最大実体公差方式

6.4.1 最大実体公差方式の適用性

Ⓜ は，表 6.1 に示す幾何公差特性に適用できる。

表 6.1 Ⓜ の適用性

幾何公差		Ⓜ の適用性	
真直度公差	─	可 寸法公差の付いた形体の軸線又は中心面に適用	不可 平面又は表面上の線に対しては適用できない
平行度公差	∥		
直角度公差	⊥		
傾斜度公差	∠		
位置度公差	⊕		
同軸度公差	◎		
対称度公差	═		

6.4.2 真直度公差への Ⓜ の適用

表 6.1 から分かるように，軸線又は中心面をもった形体，すなわち，サイズ形体に真直度公差を指示した場合，設計要求によっては，Ⓜ を適用することができる。この指示例を図 6.14 に示す。

なお，公差記入枠内の CZ は，common zone（共通公差域）を意味している。

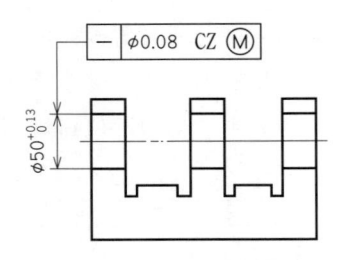

図 6.14 真直度公差へ Ⓜ を適用した例

図6.14の指示は,"三つの穴の軸線は,最大実体状態でφ0.08の共通円筒の真直度公差の公差域の中になければならない"と読む。

図6.14に対する設計要求は,次のとおりである。

① 個々の穴の直径は,φ50〜φ50.13にあればよい。
② 三つの穴の軸線は,最大実体状態で,最大実体寸法φ50のとき,φ0.08の共通円筒公差域の中にあればよい。
③ 三つの穴は,実効状態のφ49.92(= φ50 − φ0 − φ0.08)の仮想円筒の外側になければならない。すなわち,実効寸法φ49.92を侵害してはならない。

これら穴の直径と真直度との関係は,図6.15のように表すことができる。このグラフは,動的公差線図[2] (dynamic tolerance diagram) という。

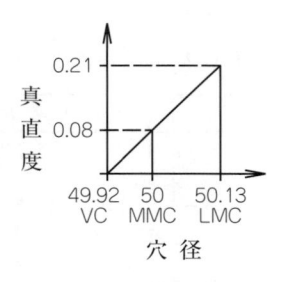

図 6.15 図6.14に対する動的公差線図

実効寸法φ49.92がはまり合う境界であるから,実効寸法をチェックすればよいので,図6.16に示す機能ゲージ (functional gauge) を使用すれば,簡単に真直度公差が検証できる。もちろん,形状測定機や三次元測定機で真直度を測定して,真直度公差を検証することもできる。

なお,実効寸法は,機能ゲージの理論的な設計寸法でもある。

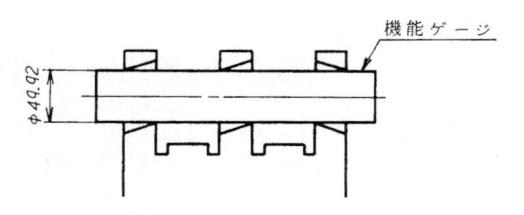

図 6.16 図6.14の機能ゲージ例

6.4 幾何公差特性と最大実体公差方式

真直度公差は，形状公差の一特性であるから，真直さだけを規制するため，姿勢や位置は規制の対象ではない。図 6.14 の図示例で，姿勢や位置をある範囲に規制するには，平行度公差又は位置度公差を指示する必要がある。

図 6.14 の図示例にはまり合う円筒軸は，単にはまり合うことだけを考えた場合には，実効寸法が実効状態を超えないようにする。例えば，図 6.17 のように指示することができる。

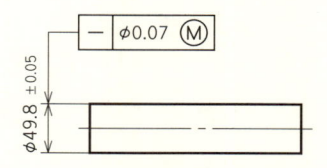

図 6.17 円筒軸に真直度公差を指示した例

図 6.17 に対する設計要求は，次のとおりである。
- ① 個々の穴の直径は，φ49.85 〜 φ49.75 にあればよい。
- ② 円筒の軸線は，最大実体状態で，最大実体寸法 φ49.85 のとき，φ0.07 の円筒公差域の中にあればよい。
- ③ 円筒は，実効状態の φ49.92（= φ49.8 + φ0.05 + φ0.07）の仮想円筒の内側になければならない。すなわち，実効寸法 φ49.92 を侵害してはならない。

これら軸の直径と真直度との関係は，図 6.18 のように表すことができる。

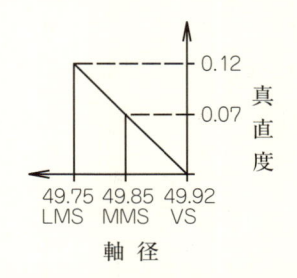

図 6.18 図 6.17 に対する動的公差線図

図 6.17 に対する検証は，図 6.19 に示す機能ゲージが簡便的である。すなわち，実効寸法 φ49.92 が機能ゲージの理論的な設計寸法である。

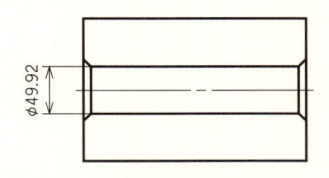

図 6.19 図 6.17 に対する機能ゲージ例

単純円筒の軸線の真直度公差を検証する図 6.19 のような機能ゲージは，テーラーの原理[3]を逸脱するフルサイズゲージであり，ゲージ長が長くなると，ゲージの形状公差を無視できなくなる。

テーラーの原理は，ねじの特許申請に際して，ねじ検査用ゲージに適用した考え方であり，後にはめあい方式が適用された穴や軸のサイズを検査するための限界ゲージ (limits gauge) の考え方の元になったものである。限界ゲージは，通り側ゲージの長さは少なくとも直径と同じ寸法をもち，止り側ゲージの長さは短くても点でもよい。

次に，はめあいの要求がある穴や軸に真直度を規制したい場合，最大実体状態で曲がりを許容しないようにしなければならない。すなわち，真直度公差に 0 Ⓜ を適用することになる。この例を図 6.20 に示す。

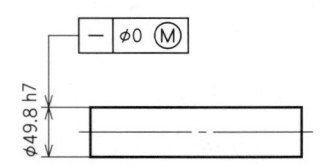

図 6.20 真直度公差に 0 Ⓜ を適用した例

図 6.20 に対する設計要求は，次のとおりである。
① 個々の穴の直径は，h7 が 0/0.025 であるから，$\phi 49.8 \sim \phi 49.775$ にあればよい。
② 円筒の軸線は，最大実体状態で，最大実体寸法 $\phi 49.8$ のとき，公差域は $\phi 0$ であればよい。
③ 円筒は，実効状態の $\phi 49.8$（$= \phi 49.8 + \phi 0 + \phi 0$）の仮想円筒の内側になければならない。すなわち，実効寸法 $\phi 49.8$ を侵害してはならない。

これら軸の直径と真直度との関係は，図 6.21 のように表すことができる。

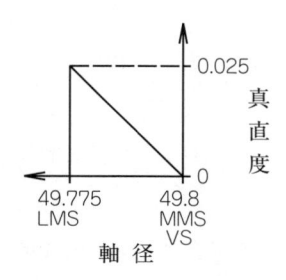

図 6.21 図 6.20 に対する動的公差線図

図 6.21 に示す動的公差線図から分かるように，MMS と VS とが同じ 49.8 であり，この値が図 6.20 に対する機能ゲージの理論的な設計寸法である。

真直度公差に 0 Ⓜ を適用することは，第 3 章で述べた Ⓔ を指示したことと同じことになる。包絡の条件 Ⓔ は，単独形体に対して 0 Ⓜ を適用しない代わりに ISO/TC 10/SC 5 で考え出された記号である。しかし，現在では，単独形体に対して 0 Ⓜ は幾つかの国家規格で使用されている。

図 6.22 に Ⓔ を指示した例を示す。

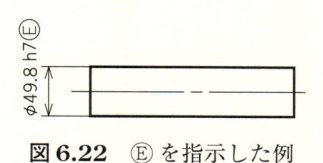

図 6.22 Ⓔ を指示した例

ある長さ当たりに対して真直度公差を指示し，それに Ⓜ を適用することができる。図 6.23 は，磨き丸棒の端部に M10 のねじを設けたもので，ねじ不完全ねじ部及び左端の面取り部を除いた円筒の軸線を 50 mm の長さに対して真直度公差を最大実体状態で φ0.1 を許容するものである。

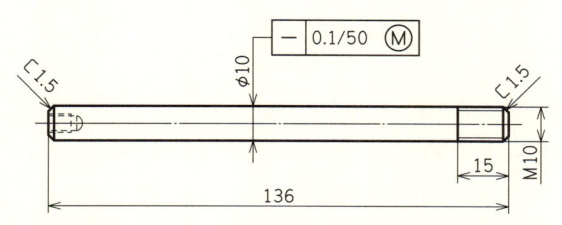

図 6.23 ある長さ当たりに真直度公差を指示した例

図 6.23 のような指示は，50 mm のスリーブがしゅう動するような場合に有効である。Ⓜ が適用されていない場合の検証は，従来，水準器を移動したときの気泡の動き量から図 6.24 に示すように，偏差を調べていた。Ⓜ を適用した場合，φ10 の普通寸法公差が JIS B 0405 の m 級として，± 0.2 であるから，実効寸法 φ10.3（= 10 + 0.2 + 0.1）の機能ゲージ（図 6.25）が通過すればよい。

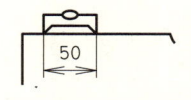

図 6.24 水準器による真直度公差の検証例

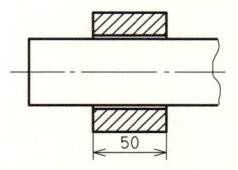

図 6.25 機能ゲージによる真直度公差の検証例

6.4.3 平行度公差への Ⓜ の適用

平行度公差は，関連形体に指示する幾何公差特性の一つであり，データムを必要とし，このデータムから公差付き形体までを寸法及び寸法公差とともに指示する。この指示例を図 6.26 に示す。

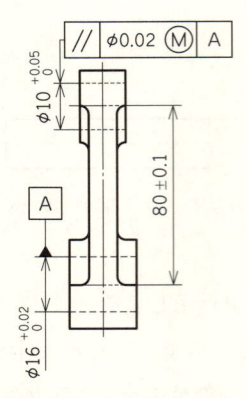

図 6.26 平行度公差への Ⓜ の適用例

図 6.26 に対する設計要求は，次のとおりである．
① データム A の穴径は，$\phi 16 \sim \phi 16.02$ にあればよい．
② 公差付き形体である穴の直径は，$\phi 10 \sim \phi 10.05$ にあればよい．
③ データム軸直線 A から公差付き形体の軸線までは，$79.9 \sim 80.1$ にあればよい．
④ 公差付き形体の軸線は，最大実体状態で，最大実体寸法 $\phi 10$ のとき，公差域 $\phi 0.02$ の中にあればよい．
⑤ 公差付き形体である穴は，実効寸法 $\phi 9.98$（$= \phi 10 - 0 - 0.02$）の仮想円筒の外側になければならない．すなわち，実効寸法 $\phi 9.98$ を侵害してはならない．

これら公差付き形体である穴の直径と平行度との関係は，図 6.27 のように表すことができる．

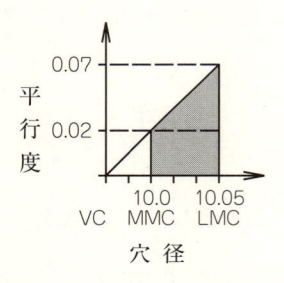

図 6.27 図 6.26 に対する動的公差線図

データムに対しても Ⓜ を適用してもよい設計要求がある場合，例えば，はめあいの要求，運動機構学的要求がない場合には，図 6.28 の指示例のようにデータム文字記号のすぐ後に Ⓜ を指示する．

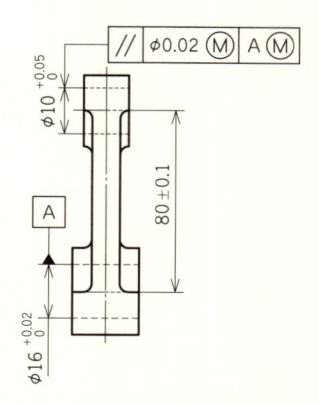

6.4 幾何公差特性と最大実体公差方式

図 6.28 データムに Ⓜ を適用した指示例

図 6.28 に対する設計要求は，次のとおりである．

① データム A の穴径は，$\phi 16 \sim \phi 16.02$ にあればよい．
② 公差付き形体である穴の直径は，$\phi 10 \sim \phi 10.05$ にあればよい．
③ データム軸直線 A から公差付き形体の軸線までは，79.9〜80.1 にあればよい．
④ データム A 穴が最大実体寸法 $\phi 16$ で，公差付き形体の穴が最大実体寸法 $\phi 10$ のとき，公差付き形体の軸線は平行度公差 $\phi 0.02$ の円筒公差域の中にあればよい．
⑤ データム A 穴が最小実体寸法 $\phi 16.02$ で，公差付き形体の穴が最小実体寸法 $\phi 10.05$ のとき，公差付き形体の軸線は平行度公差 $\phi 0.07$ の円筒公差域の中にあればよい．
⑥ データム A 穴が最大実体寸法 $\phi 16$（であると同時に実効寸法 $\phi 16$）で，公差付き形体である穴は，実効寸法 $\phi 9.98$（＝ $\phi 10 - 0 - 0.02$）の仮想円筒の外側になければならない．すなわち，実効寸法 $\phi 9.98$ を侵害してはならない．

寸法及び平行度公差を検証するための機能ゲージ例を図 6.29 に示す．

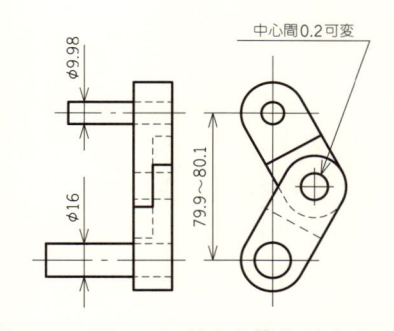

図 6.29 図 6.28 に対する機能ゲージの例

平行度公差は，データムから公差付き形体までを寸法及び寸法公差が指示されるという特質がある．この特質を生かせば，製作が容易になる場合が多い．

平行度公差を指示する代わりに，位置度公差を指示することもできるが，部品機能が許せば寸

法公差分を位置度公差に加算することができる。しかし，位置度公差は平行度をも規制できるので，一般的には，平行度公差と同じ値を指示する例がしばしば見受けられる。位置度公差の指示例を図6.30に示す。

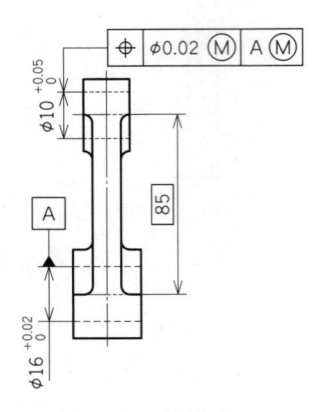

図6.30 位置度公差の指示例

図6.31は，一般的な平行度公差の指示例である。

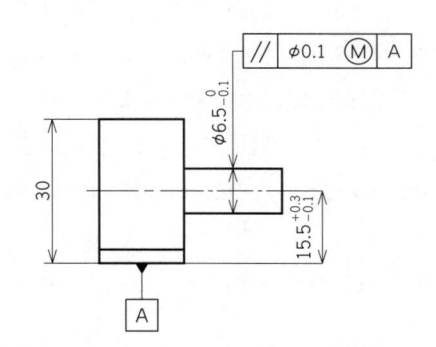

図6.31 一般的な平行度公差の指示例 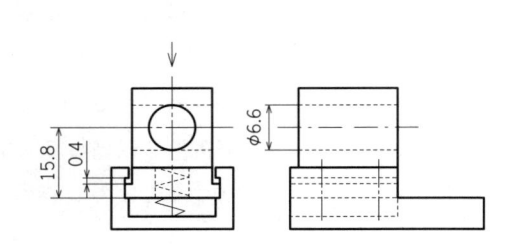　　**図6.32** 図6.31に対する機能ゲージ例[4]

図6.31は，データム形体の変動がないので，機能ゲージが複雑となる（図6.32）。設計要求が許されるならば，そしてデータムが中心軸線又は中心平面をもつならば，データムに対してⓂを適用できる。例えば，図6.31のデータムは底面ではなく，中心平面をデータムとして指示すると（図6.33），その検証は図6.34に示すように簡単な形状をもつ機能ゲージとなる。

図6.33に対する機能ゲージ寸法は，普通公差をJIS B 0405のf級を適用するとして，±0.1であるから，データム側が30.1，公差付き形体側がφ6.6（＝φ6.5＋0＋0.1）となる。

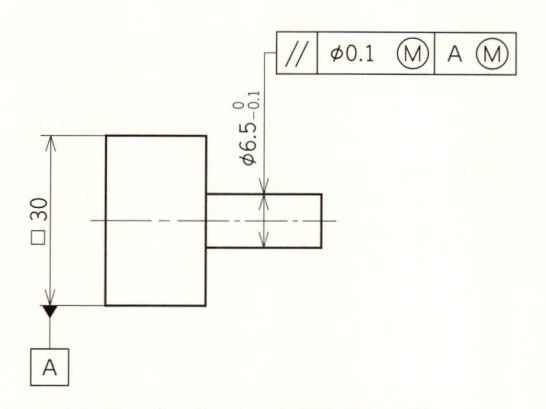

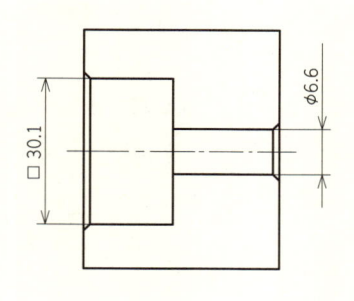

図 6.33 データムに Ⓜ を適用した例   **図 6.34** 図 6.33 に対する機能ゲージ例

なお，図 6.33 は，データムと公差付き形体までの間に寸法がないので，位置度公差の指示が適切である。

6.4.4 直角度公差への Ⓜ の適用

データムに対する倒れを規制するのが直角度公差である。データムには直線及び平面があり，公差域は平行二直線の間，平行二平面の間，直方体の中及び円筒の内部のいずれかである。これらのうちで，サイズをもち，中心軸線又は中心平面をもつ形体に Ⓜ が適用できる。

図 6.35 は，データム平面に対する穴の軸線の直角度を規制する図示例である。

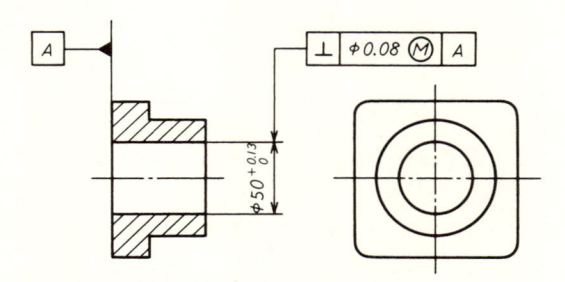

図 6.35 直角度公差に Ⓜ を適用した例 (JIS B 0023)

図 6.35 に対する設計要求は，次のとおりである。
  ① 公差付き形体である穴の直径は，$\phi 50 \sim \phi 50.13$ にあればよい。
  ② 公差付き形体である穴の軸線は，最大実体状態で，最大実体寸法 $\phi 50$ のとき，データム平面 A に直角な円筒公差域 $\phi 0.08$ の中にあればよい（図 6.36）。

③ 穴の軸線は，最小実体状態で，最小実体寸法 $\phi 50.13$ のとき，公差域は $\phi 0.21$ であればよい（図 6.37）。

④ 公差付き形体である穴は，実効寸法 $\phi 49.92$（$= \phi 50 - 0 - 0.08$）の仮想円筒の外側になければならない。すなわち，実効寸法 $\phi 49.92$ を侵害してはならない。

これら公差付き形体である穴の最大実体状態及び最小実体状態は，図 6.36 及び図 6.37 のようになる。

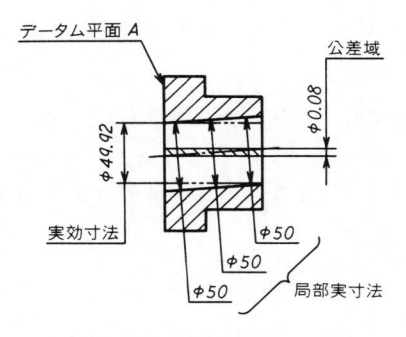

図 6.36 MMC（JIS B 0023） 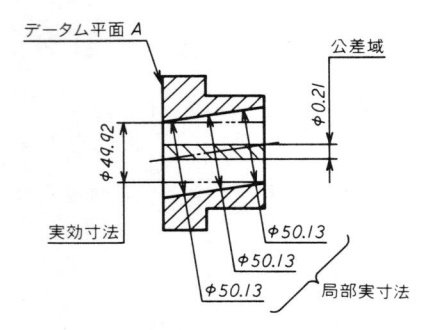　　**図 6.37** LMC（JIS B 0023）

図 6.35 に対する機能ゲージは，図 6.38 に示すように簡単なものである。

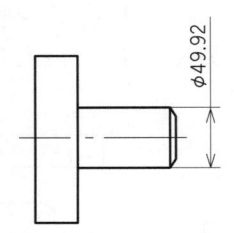

図 6.38 図 6.35 に対する機能ゲージ例

直角度公差を指示した穴にはめあいの要求がある場合には，幾何公差の増分が認められないので，図 6.35 の直角度公差をゼロとしなければならない。この例を図 6.39 に示す。

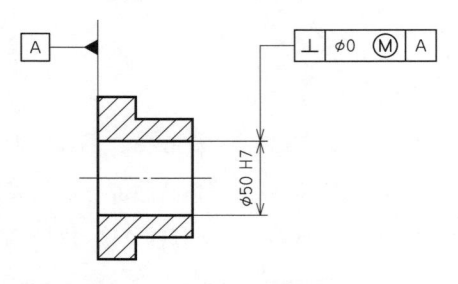

図 6.39 ゼロ直角度公差を指示した例

6.4 幾何公差特性と最大実体公差方式

図 6.39 の穴径は，JIS B 0401 によって H7 が 0/+0.025 であるから，$\phi 50 \sim \phi 50.025$ となる。限界ゲージで検証するよりも 0 Ⓜ を指示する利点は，データム参照ができるので，公差付き形体の姿勢までが規制できることである。

次に，共通データムに対する直角度公差を指示した例を図 6.40 に示す。

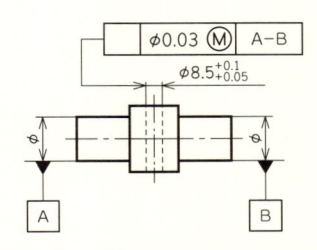

図 6.40 共通データムに対する直角度公差を指示した例

この場合，共通データムの設定方法が問題となるが，簡便的なデータムの設定は図 6.41 に示すように，データム A 及びデータム B に対して個々にしっくりはまり合う円筒穴を関連づけて共通データム軸直線を見出す。

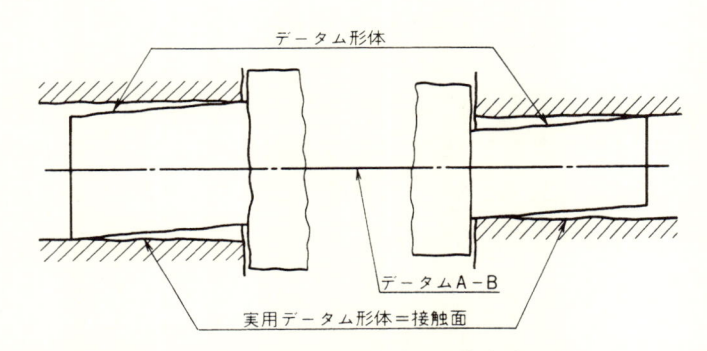

図 6.41 簡便的な共通データム軸直線の設定方法 (JIS B 0022)

公差が大きくなると，チャックや V ブロックを用いて共通データム軸直線を設定することができる。この例を図 6.42 及び図 6.43 に示す。

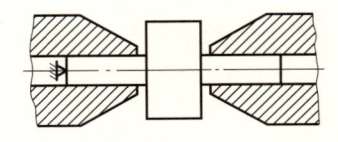

図 6.42 チャックを用いた共通データム軸直線の設定例

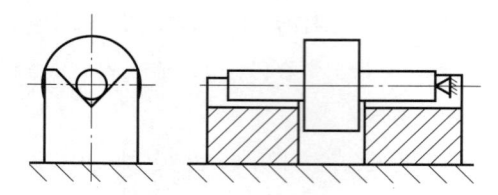

図6.43 Vブロックを用いた共通データム軸直線の設定例

めねじの倒れを規制するために，直角度公差を指示することは当然である．しかし，その検証は，標準ねじゲージをねじ穴に挿入し，その突出部の倒れをダイヤルゲージで測定するのが一般的である（図6.44）．

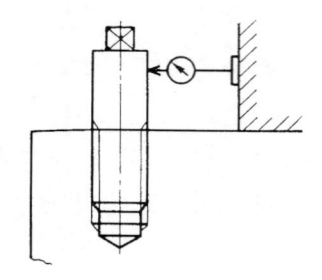

図6.44 倒れの測定例[5]

めねじの倒れを規制する方法として，直角度公差を指示し，それにⓂを適用することができるが，組み付ける相手部品の厚さを考慮して，公差域を小さくしないとボルトとの干渉が起こる．この干渉を避けるために，相手部品の厚さに相当する部分に公差域を設ける突出公差域（projected tolerance zone）を指示する．この例を図6.45に示す．

フランジのボルト穴などには，一般的には直角度公差を位置度公差に代えて指示する．

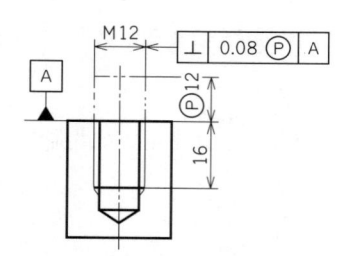

図6.45 突出公差域の指示例

6.4.5 傾斜度公差へのⓂの適用

理論的な角度に対して，公差域をリニアな寸法で設定して傾斜度を規制するために傾斜度公差を指示する．

この指示例を図6.46に示す．

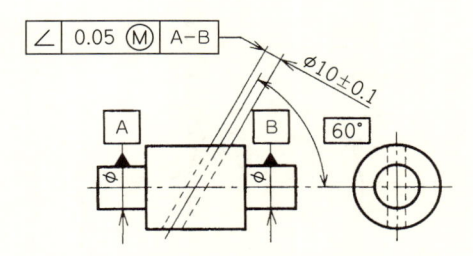

6.4 幾何公差特性と最大実体公差方式

図6.46 傾斜度公差への Ⓜ の適用例

図6.46に対する設計要求は，次のとおりである。

① 公差付き形体である穴の直径は，φ9.9～φ10.1にあればよい。
② 共通データム軸直線A-Bから公差付き形体の軸線までは，理論的に正確な角度の60°の位置にあればよい。
③ 公差付き形体である穴の軸線は，最大実体状態で，最大実体寸法φ9.9のとき，平行二平面の公差域0.05の間にあればよい。
④ 公差付き形体である穴は，実効寸法φ9.85（＝φ10－0.1－0.05）の仮想円筒の外側になければならない。すなわち，実効寸法φ9.85を侵害してはならない。

部品の機能が許せば，図6.46の共通データムA-Bに対してⓂを適用することができる。この例を図6.47に示す。

なお，図6.47は，傾斜度公差を位置度公差に代えても，同じ結果となる。

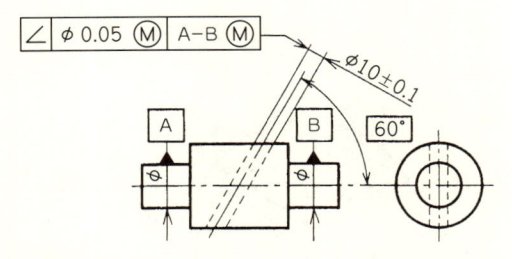

図6.47 共通データムA-BにⓂを適用した例

次に，データムシステムを適用した場合，サイズをもち，軸線又は中心平面をもつ形体に対して，機能が許せばⓂを適用することができる。この例を図6.48に示す。

なお，Ⓜが適用されたデータムは，Ⓜが適用されないデータムよりもその優先順位は下がる。

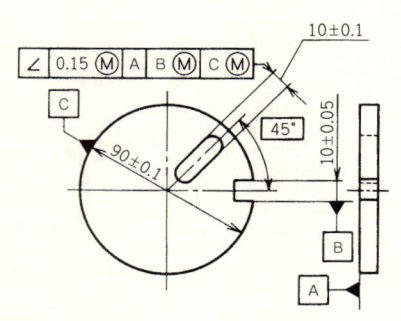

図 6.48 長穴及び複数のデータムに対して Ⓜ が適用された例

長穴の幅に対する MMC 及び LMC は，図 6.49 及び図 6.50 のとおりである。

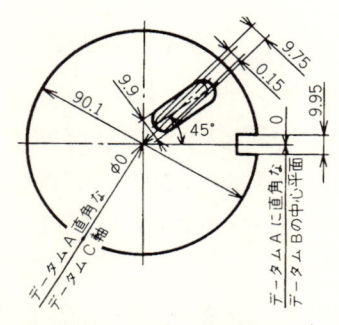

図 6.49 長穴の幅の MMC [6]

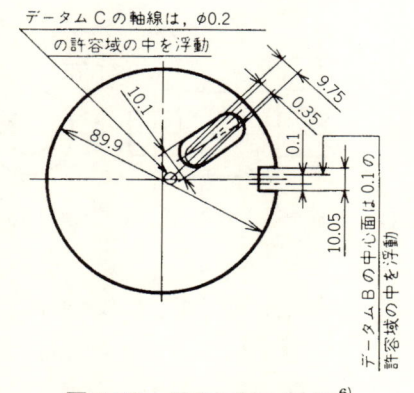

図 6.50 長穴の幅の LMC [6]

図 6.49 及び図 6.50 の長穴の幅に対する VC から，機能ゲージの理論寸法は図 6.51 のとおりである。このことは，データムに Ⓜ を適用することは，公差の増分があるのではなく，機能ゲージが浮動することを許容している。

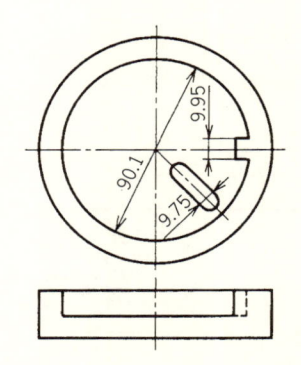

6.4 幾何公差特性と最大実体公差方式

図 6.51 図 6.48 に対する機能ゲージ例[6]

6.4.6 位置度公差への Ⓜ の適用

姿勢公差よりも位置公差のほうが取り得る公差域の種類が多く，広く適用をカバーすることができる特性をもっている。そのため，まず最初に位置度公差への Ⓜ の適用を検討するのがよい。

図 6.52 は，図 6.48 に示した傾斜度公差への Ⓜ の適用例を位置度公差に変えた指示例である。仕上がる部品は，同じである。

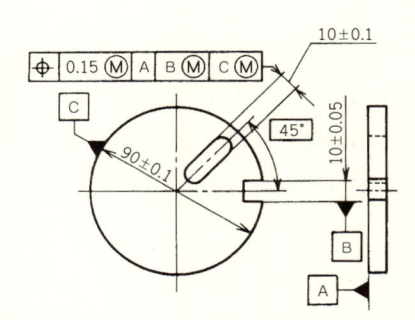

図 6.52 位置度公差に Ⓜ を適用した指示例[6]

図 6.52 に対する動的公差線図は，図 6.53 のとおりである。機能ゲージは，図 6.51 がそのまま使用できる。

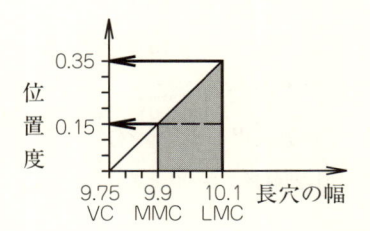

図 6.53 図 6.52 の長穴に対する動的公差線図

次の形体グループをデータムに指定した場合，図 6.54 が JIS B 0022 に規定されている。

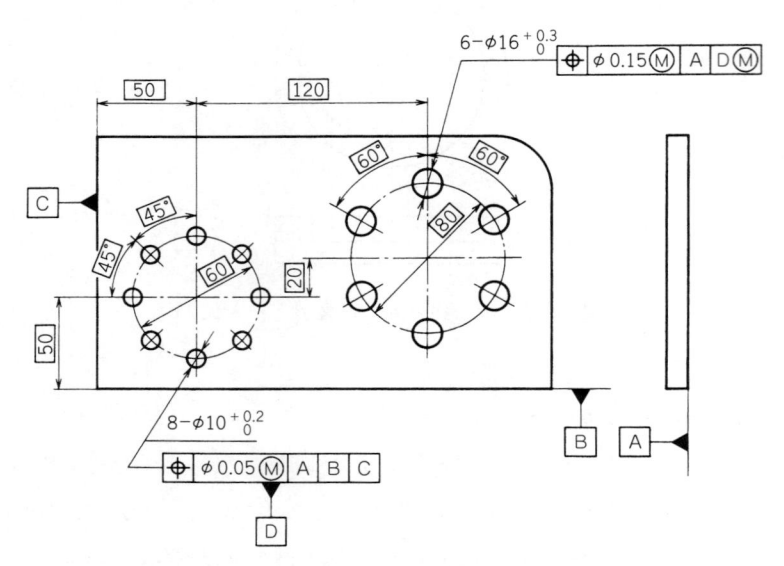

図 6.54 形体グループをデータムに指定した指示例 (JIS B 0022)

図 6.54 に対する設計要求は，次のとおりである。

① グループデータムである八つの穴の直径は，$\phi 10 \sim \phi 10.2$ にあればよい。

② 公差付き形体である六つの穴の直径は，$\phi 16 \sim \phi 16.3$ にあればよい。

③ グループデータムの個々の穴の円筒公差域（$\phi 0.05$）は，理論的に正確な寸法で指定された位置にあり，グループデータムの軸直線は，その中になければならない。

④ 公差付き形体である個々の穴の円筒公差域（$\phi 0.15$）は，理論的に正確な寸法で指定された位置にあり，その軸直線は，その中になければならない。そして，最大実体状態で，最大実体寸法 $\phi 16$ のとき，円筒公差域 0.15 の中にあればよい。

⑤ グループデータムの個々の穴は，幾何公差が $\phi 0.05$ であるから，最大実体寸法（＝実効寸法）$\phi 9.95$ を侵害してはならない。

⑥ 公差付き形体である穴は，実効寸法 $\phi 15.85$（＝ $\phi 16 - 0 - 0.15$）の仮想円筒の外側になければならない。すなわち，実効寸法 $\phi 15.85$ を侵害してはならない。

図 6.54 の指示に対して，Ⓜ の要求がない場合には三次元測定機を用いて穴位置偏差を測定することは容易である。現在では，Ⓜ が適用された場合の正確なソフトウエアが開発されていない。そのため，機能ゲージが最有効な検証ツールとなっている。機能ゲージの例を写真 6.1 〜 写真 6.3 に示す。

6.4　幾何公差特性と最大実体公差方式

写真 6.1　図 6.50 に対する機能ゲージの例[*]（基盤）

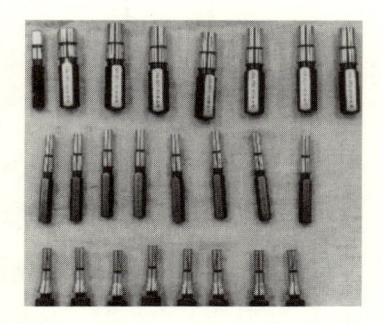

写真 6.2　図 6.50 に対する機能ゲージの例[*]（ピンゲージ）

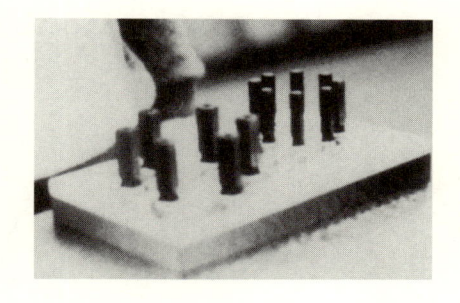

写真 6.3　図 6.50 に対する機能ゲージの例[*]（検証状況）

　形体グループの角度位置関係は，明確な指示がない限り，JIS Z 8310 に規定する"図形上で直線状のものは直線，円形状のものは円，平行状のものは平行，直交状のものは直角とみなす"による解釈をしている。図 6.55 は，形体グループの角度位置関係に対して明確な指示がないので，図面に表した状態による。

　図 6.55 に対する機能ゲージは，一体式となり，図 6.56 に示すピンゲージが固定式のもの，図 6.57 に示す差込み式のものがある。

---

[*]　日本規格協会：幾何学的公差標準化実験研究分科会提供

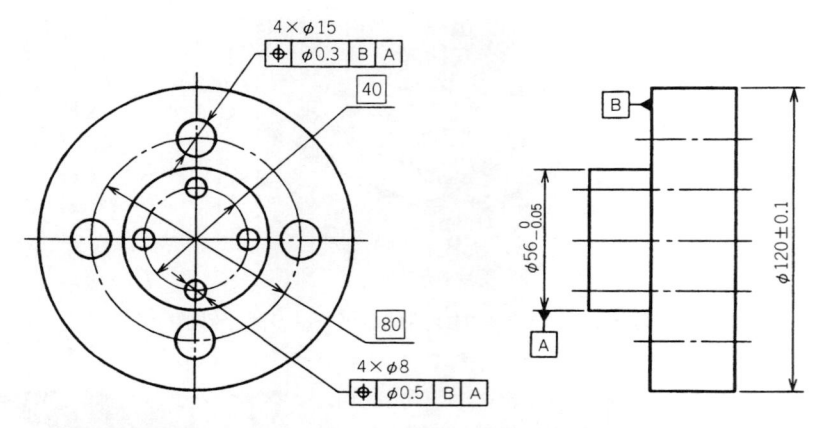

図 **6.55** 形体グループの角度位置関係の指示がない指示例 （JIS B 0025）

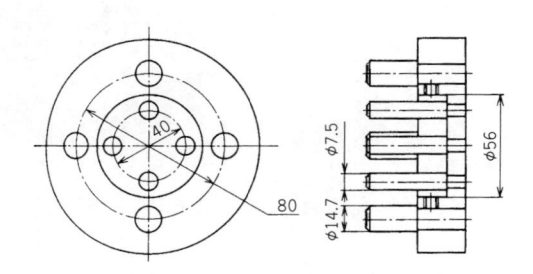

図 **6.56** ピンゲージ固定式の例[7]

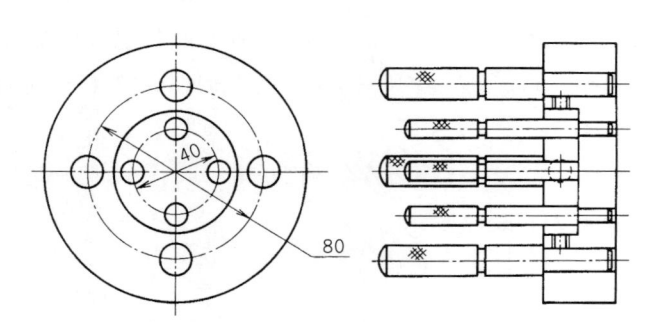

図 **6.57** ピンゲージ差込み式の例[7]

形体グループの角度位置関係に明確な指示，例えば角度位置関係が任意である場合には，図 6.58 に示すように，そのことを指示する。

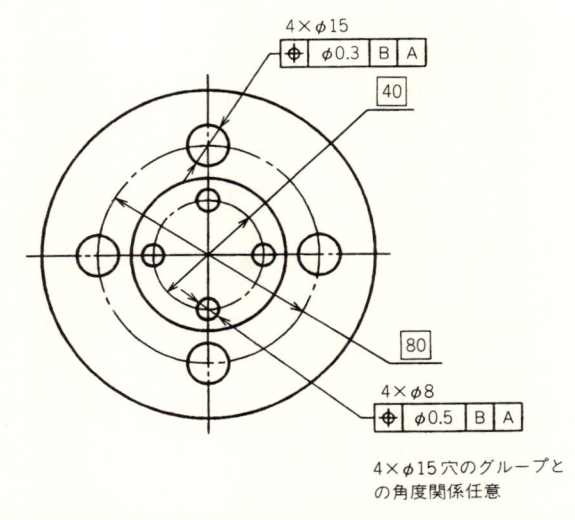

図 **6.58** 角度位置関係が任意である場合の指示例 (JIS B 0025)

図 6.58 に対する検証は，機能ゲージを使用する場合，個々の穴のグループについての機能ゲージを使用することができる。

次に，形体グループがデータムに対しては大きな位置度公差を許容し，隣り合う形体同士は厳しい位置度公差を要求するような設計要求がある場合には，複合位置度公差が有効である。この例を図 6.59 に示す。その公差域は，図 6.60 のとおりである。

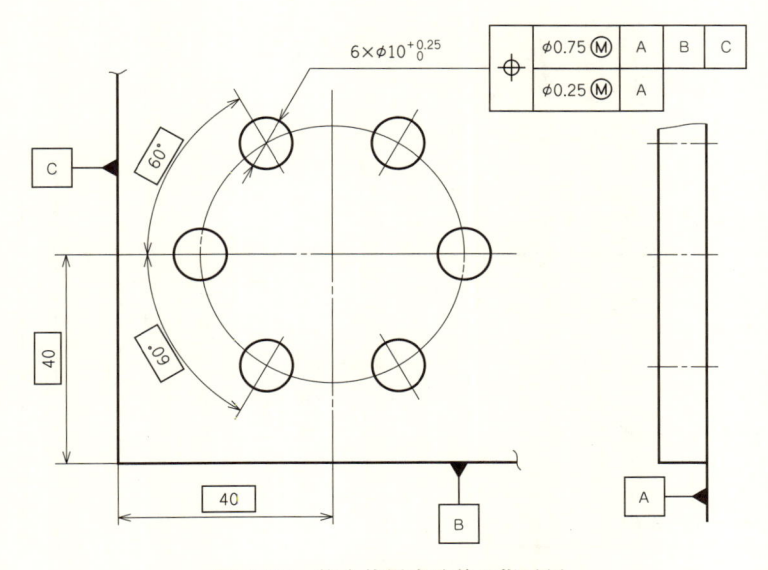

図 **6.59** 複合位置度公差の指示例

178　　　6. 最大実体公差方式及び最小実体公差方式

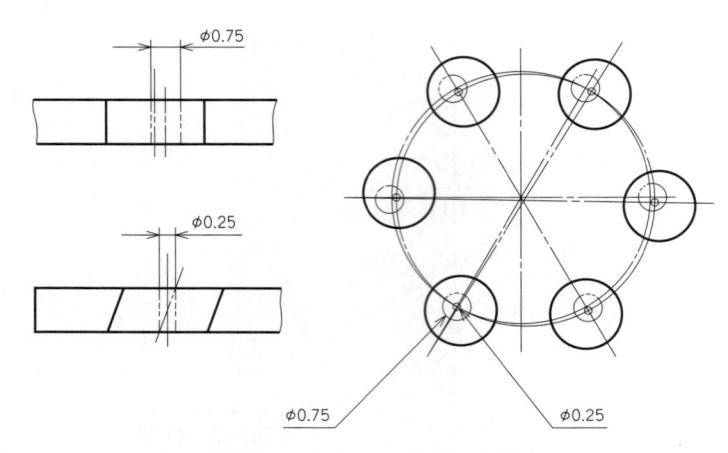

図 6.60　図 6.59 に対する公差域

　複合位置度公差が指示された場合には，形体のパターンとしての位置と隣り合う形体間のそれぞれの公差は，個々に独立して適用される。ただし，隣り合う形体間（下側の公差記入枠）の公差が形体のパターン（上側の公差記入枠）の公差の第1優先データムをとるのは，軸線の公差域がデータムAに対して垂直であることを要求するためである。

　ASME Y14.5M は，下側の公差記入枠で第2優先データムまで指示する例を示している（図 6.61）。

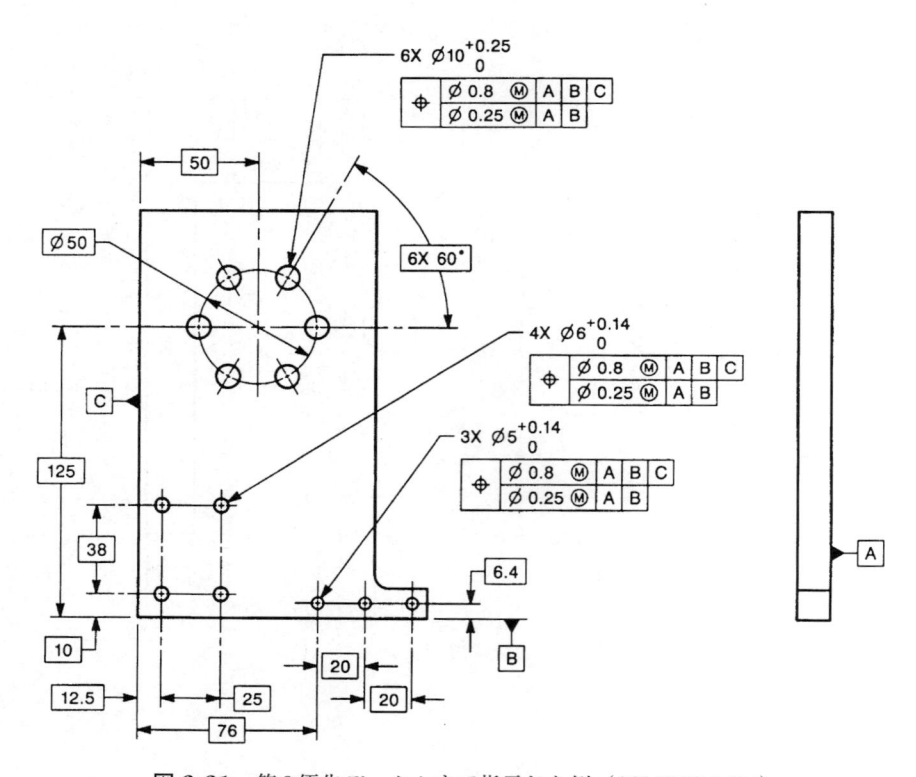

図 6.61　第2優先データムまで指示した例（ASME Y14.5M）

図6.61の右下の三つ穴は，軸線の公差域がデータムAに対して垂直であることを要求すると同時に，公差域がデータムBに対して平行であることを要求している（図6.62）。

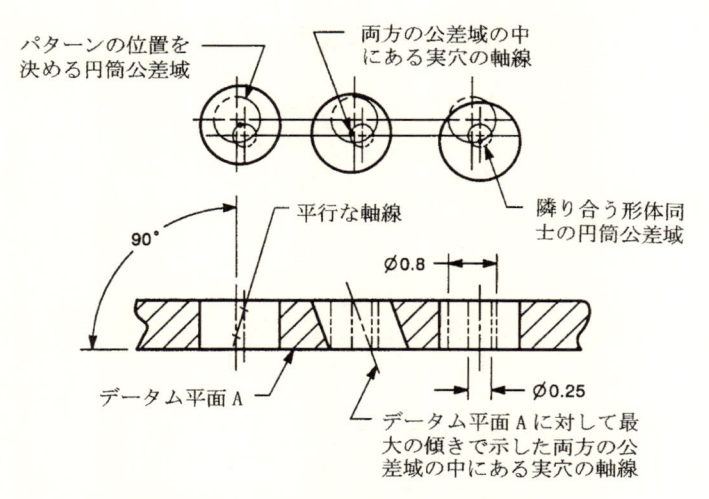

図6.62 三つ穴の公差域（ASME Y14.5M）

6.4.7 同軸度公差へのⓂの適用

データムに対する同軸性を要求する場合に同軸度公差が指示される。同軸度公差は，はめあいや運動機構学的な要求がない場合には，Ⓜを適用すべきである。この指示例を図6.63に示す。

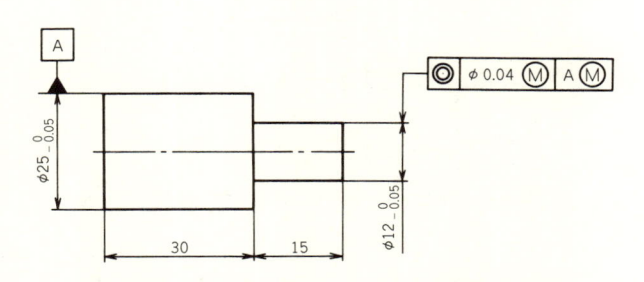

図6.63 同軸度公差へのⓂの適用例（JIS B 0023）

図6.63に対するMMC及びLMCは，それぞれ図6.64及び図6.65のとおりである。

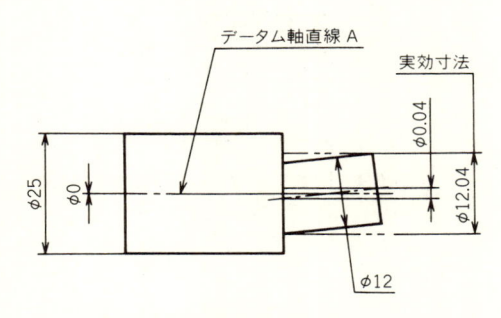

図6.64 MMC（JIS B 0023）

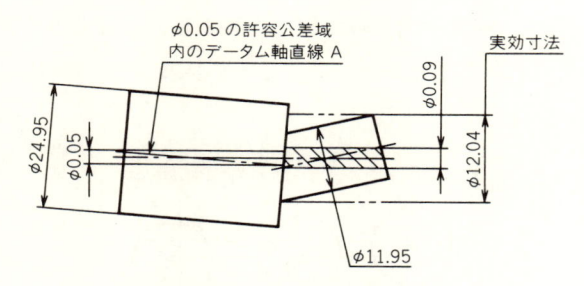

180   6. 最大実体公差方式及び最小実体公差方式

図 6.65　LMC （JIS B 0023）

図 6.63 に対する機能ゲージ例を図 6.66 に示す。

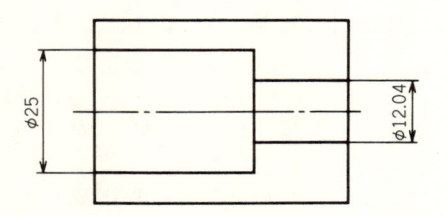

図 6.66　図 6.63 に対する機能ゲージ例 （JIS B 0023）

共通データムに対する同軸度公差の指示例を図 6.67 に示す。

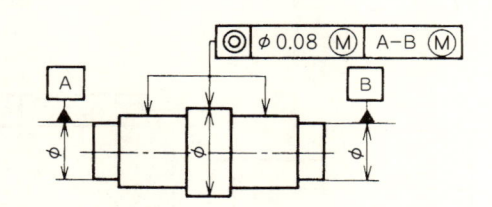

図 6.67　共通データムにも Ⓜ を指示した例[8]

図 6.67 に対して機能ゲージは，図 6.66 のゲージのデータム軸直線を共通にしたものを考え，図 6.68 のような構造とする。

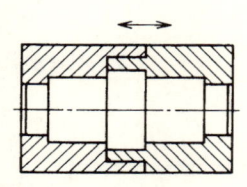

図 6.68　図 6.67 に対する機能ゲージ例[8]

6.4.8 対称度公差への Ⓜ の適用

機能が許すのであれば，幾何公差及びデータムに対して Ⓜ が適用できる。対称度公差及び共通データムに対して Ⓜ を指示した例を図 6.69 に示す。

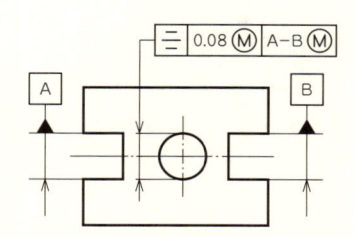

図 6.69 対称度公差及び共通データム平面に Ⓜ を指示した例

図 6.69 に対する機能ゲージの姿は，図 6.70 のような例が考えられる。

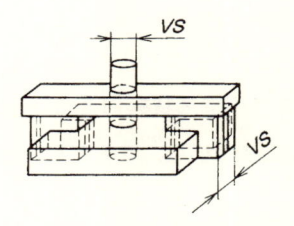

図 6.70 図 6.69 に対する機能ゲージの例

データムに Ⓜ を指示しないと，共通データム平面 A－B を設定するために溝幅に入るブロック幅を可変構造にしなければならない（図 6.71）。

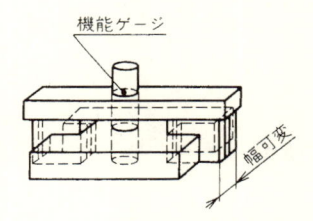

図 6.71 Ⓜ を適用しない場合の機能ゲージの例 [9]

公差付き形体にはめあいの設計要求がある場合には，Ⓜ を指示しないか，0 Ⓜ を指示する（図 6.72）。

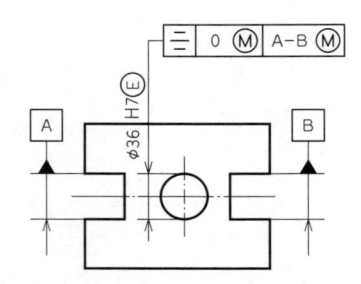

182 6. 最大実体公差方式及び最小実体公差方式

図6.72 はめあいの設計要求に 0 Ⓜ の指示例

6.5 最小実体公差方式

6.5.1 定義

最小実体公差方式（least material requirement：LMR）は，同軸又は同一中心平面をもつ外側形体と内側形体との最小肉厚の確保に有効である。

最小実体公差方式の定義は，次のとおりである。

"個々の対象としている形体がその最小実体状態（least material condition：LMC）から離れて仕上がったとき，寸法公差と幾何公差とが互いに依存し，追加的な公差を許容することを指示する場合に適用する公差方式。"

6.5.2 最小実体公差方式の指示

最小実体公差方式 Ⓛ を適用することを要求する場合には，公差値のすぐ後に記号 Ⓛ を指示する（図6.73）。

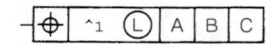

図6.73 記号 Ⓛ を公差値に指示した例

図6.73の形体への指示は，"この形体は，データム A，B 及び C に対して，最小実体状態で位置度 $\phi 1$ を許容する。" と読む。

6.5.3 公差付き形体への Ⓛ を適用した例

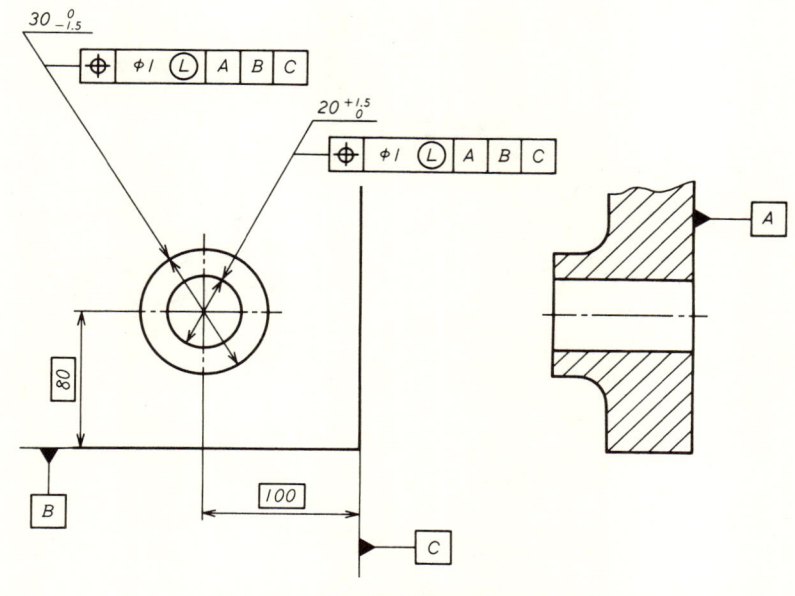

図 6.74 Ⓛ の指示例 (JIS B 0023)

図 6.74 に対する設計要求は，次のとおりである。

(1) 外側形体について

① 外側形体の局部実寸法は，$\phi 30$ と $\phi 28.5$ との間にあればよい［図 6.75 (a) 及び図 6.75 (b)］。

② 外側形体の軸線は，データム A，B 及び C に関して，最小実体状態で理論的に正確な寸法の位置に中心をもつ $\phi 1$ の円筒公差域内になければならない。［図 6.75 (a)］。

③ 外側形体の軸線は，データム A，B 及び C に関して，最大実体状態で理論的に正確な寸法の位置に中心をもつ $\phi 2.5$（$= \phi 1 + \phi 1.5$）の円筒公差域内になければならない［図 6.75 (a)］。

(2) 内側形体について

① 内側形体の局部実寸法は，$\phi 20$ と $\phi 21.5$ との間にあればよい［図 6.75 (a) 及び図 6.75 (b)］。

② 内側形体の軸線は，データム A，B 及び C に関して，最小実体状態で理論的に正確な寸法の位置に中心をもつ $\phi 1$ の円筒公差域内になければならない。［図 6.75 (a)］。

③ 内側形体の軸線は，データム A，B 及び C に関して，最大実体状態で理論的に正確な寸法の位置に中心をもつ $\phi 2.5$（$= \phi 1 + \phi 1.5$）の円筒公差域内になければならない［図 6.75 (a)］。

同軸又は同一中心平面をもつ外側形体及び内側形体が LMC でも MMC でも，最小肉厚は，図 6.74 の指示例の場合には，2.5 となる。

(a) LMC (b) MMC

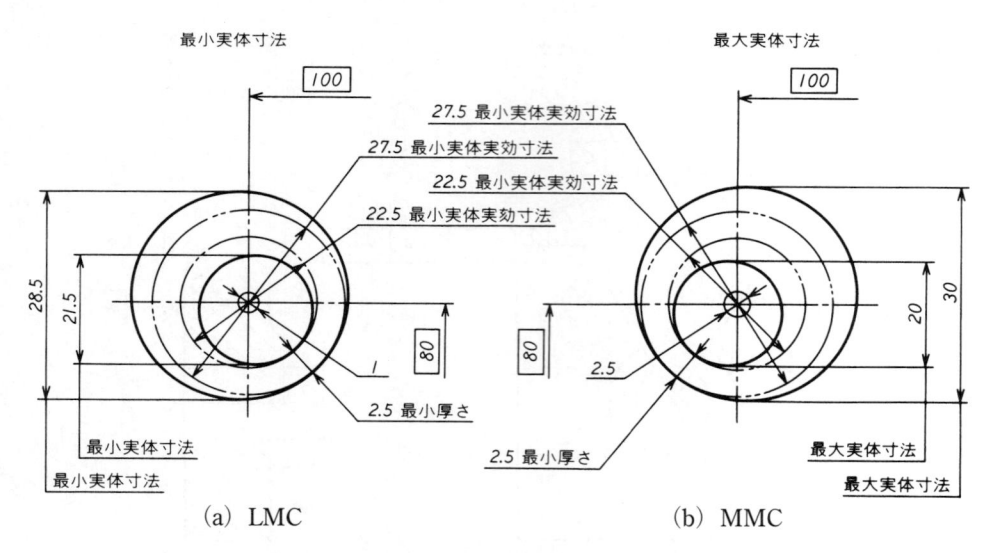

図 6.75　図 6.74 の解釈 (JIS B 0023)

Ⓛ は，データムだけ（図 6.76），及び公差付き形体とデータム（図 6.77）に対しても適用できる。しかし，これらについては使用実績があまりない。

図 6.76　データムだけに Ⓛ を適用する例　　**図 6.77**　公差付き形体とデータムに Ⓛ を適用する例

肉厚を一定に保つためには，データムから寸法及び公寸法差を指示し，肉の溝や穴を設けた部品についても Ⓛ が適用できる。この指示例を図 6.78 に示す。

図 6.78 に対する LMC 及び MMC は，図 6.79 のとおりである。これらから，LMC 及び MMC における最小肉厚は，2.705 mm である。

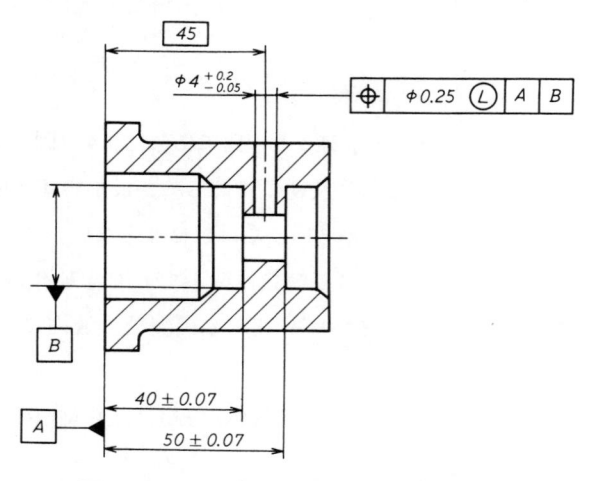

図 6.78　穴に Ⓛ を指示した例 (JIS B 0023)

6.5 最小実体公差方式

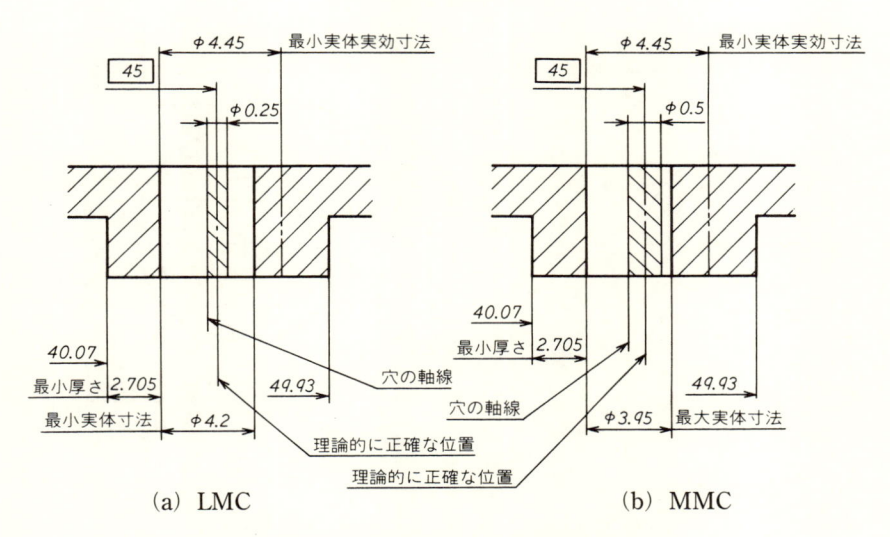

(a) LMC (b) MMC

図 6.79 図 6.78 に対する公差域 （JIS B 0023）

次に，データムにも Ⓛ を適用した指示例を図 6.80 に示す。

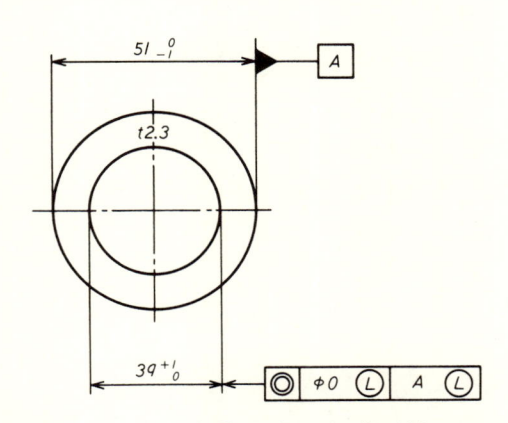

図 6.80 データムにも Ⓛ を適用した指示例 （JIS B 0023）

図 6.80 に対する LMC 及び MMC は，図 6.81 のとおりである。

(a) LMC　　　　　　　　(b) MMC

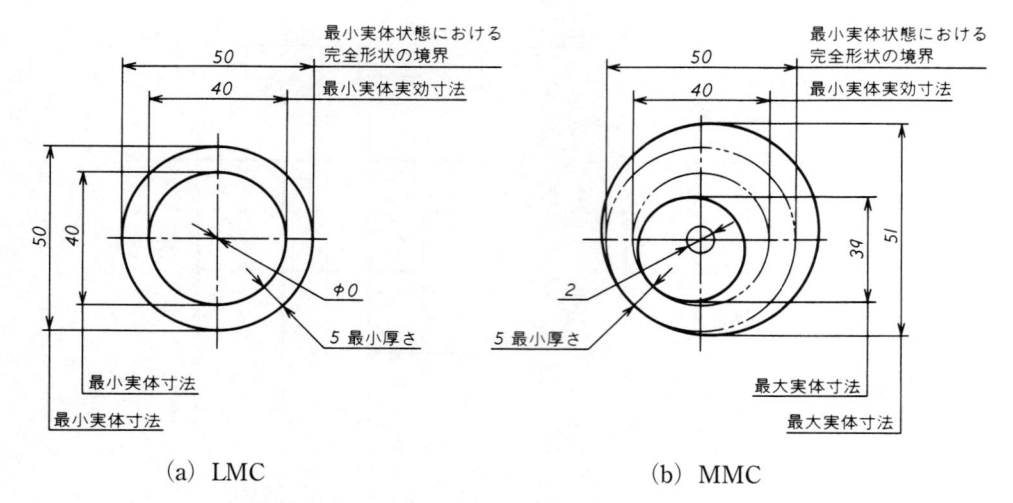

図 6.81　図 6.80 に対する公差域　(JIS B 0023)

引 用 文 献

1) 桑田浩志（1993）：新しい幾何公差方式, p.110, 絶版, 日本規格協会
2) 五十嵐正人（1992）：幾何公差システムハンドブック, p.20, 日刊工業新聞社
3) 吉本勇（1997）：最大実体の原理とテーラーの原理, 機械の研究, vol.29, No.8, p.48
4) 文献 1), p.173
5) 同上, p.187
6) 同上, p.225
7) 同上, p.223
8) 同上, p.246
9) 同上, p.251

7. 普通幾何公差

　通常の工場の，通常の努力で得られる形状，姿勢，位置などの精度を標準化したのが普通幾何公差であり，1989年にISO 2768-2として規定された。これに整合したJISは，JIS B 0419：1991がある。
　ここでは，図面に一括して指示するJIS B 0419について概説する。

7.1　単独形体に適用する普通幾何公差

7.1.1　真直度公差及び平面度公差

　普通幾何公差を規定するISO 2768-2は，ISO/TC 3/WG 6が日本，ドイツ及びイギリスの精度測定データに基づいて原案作成作業を行った。
　真直度公差及び平面度公差は，表7.1による。
　なお，表7.1によりも大きな公差又は小さな公差を要求する場合には，JIS B 0021によって個々に指示する。

表7.1　真直度及び平面度の普通公差（JIS B 0419）　　単位 mm

公差等級	呼び長さの区分					
	10以下	10を超え 30以下	30を超え 100以下	100を超え 300以下	300を超え 1000以下	1000を超え 3000以下
	真直度公差及び平面度公差					
H	0.02	0.05	0.1	0.2	0.3	0.4
K	0.05	0.1	0.2	0.4	0.6	0.8
L	0.1	0.2	0.4	0.8	1.2	1.6

7.1.2　真円度公差

　真円度の普通公差は，図7.1に示す例のように形体の直径の寸法公差の値に等しくとるが，表7.4の半径方向の振れの公差の値を超えてはならない。
　参考　真円度の普通公差値は，規定されていない。

単位 mm

例	図面上の指示	真円度の公差域
1	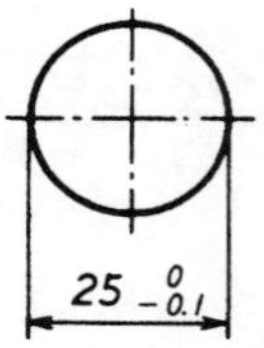 **JIS B 0419-K**	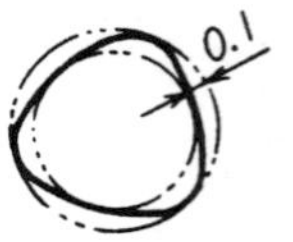
2	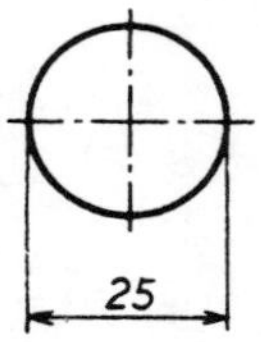 **JIS B 0419-mK**	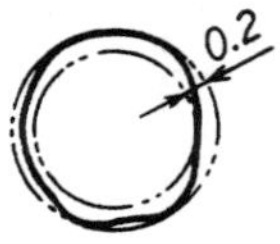

図 7.1　真円度の普通公差の例（JIS B 0419）

7.1.3　円筒度公差

円筒度の普通公差値は，規定されていないので，真円度の考え方を適用するか，JIS B 0021 によって個々に指示する。

円筒度は，真円度，円筒母線の真直度及び対向する母線同士の平行度から決まることに注意しなければならない。

設計要求から，大きな公差又は小さな公差を要求する場合には，JIS B 0021 によって個々に指示する。

7.2　関連形体に適用する普通幾何公差

関連形体に普通幾何公差を適用する場合には，データムが必要となる，しかしこのデータムを図面に指示するわけではないので，図面からデータム形体を見極める必要がある，

7.2.1　直角度公差

直角度公差は，データムに対して形体の倒れを規制する。直角度の普通公差を表 7.2 に示す。

7.2 関連形体に適用する普通幾何公差

表 7.2 直角度公差 (JIS B 0419)

単位 mm

公差等級	短い方の辺の呼び長さの区分			
	100以下	100を超え 300以下	300を超え 1 000以下	1 000を超え 3 000以下
	直角度公差			
H	0.2	0.3	0.4	0.5
K	0.4	0.6	0.8	1
L	0.6	1	1.5	2

データムは，平面又は直線が考えられる。図7.2の図示例は，データムを円筒の軸線とし，それに直角方向の穴の軸線として，この穴の軸線の長さに対して表7.2の公差を等級と寸法区分に応じて直角度公差を選ぶ，この場合，直角度公差は，軸線の長さよりも穴の長さのほうが短いので，穴の長さ24に対してK級の100以下の欄の0.4を選ぶ。

なお，二つの形体の長いほうの形体をデータムとするが，二つの形体の長さが等しい場合には，いずれをデータムとしてもよい。

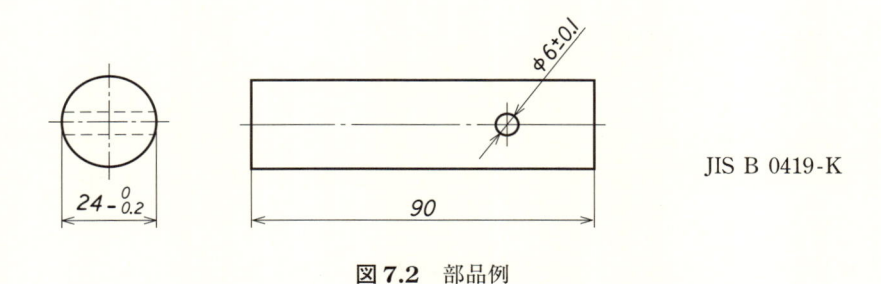

図 7.2 部品例

7.2.2 対称度公差

普通対称度公差は，データムに対して形体の倒れを規制する。対称度の普通公差を表7.3に示す。データムについては，7.2.1と同じように考える。

表 7.3 対称度公差 (JIS B 0419)

単位 mm

公差等級	呼び長さの区分			
	100以下	100を超え 300以下	300を超え 1 000以下	1 000を超え 3 000以下
	対称度公差			
H	0.5			
K	0.6		0.8	1
L	0.6	1	1.5	2

7.2.3 同軸度公差

普通同軸度公差については JIS B 0419 に規定されていないので，表7.4に示す円周振れの普通公差を適用する。この場合，データムは，軸線である。

7.2.4 円周振れ公差

半径方向，軸方向及び斜め指定方向に対する円周振れの普通公差は，表7.4による。

この場合，データムは軸線であるが，軸方向の逃げを防ぐために，測定時に第2次優先データムをとることは構わない。

表7.4 円周振れ公差（JIS B 0419）

単位 mm

公差等級	円周振れ公差
H	0.1
K	0.2
L	0.5

7.3 図面への指示方法

普通幾何公差を図面へ適用することを指示する方法は，ISO が普通寸法公差と普通幾何公差とを規格番号を同じにして，普通寸法公差をその第1部（ISO 2768-1），普通幾何公差をその第2部（ISO 2768-2）としている。

これに対して，JIS は普通寸法公差を JIS B 0405 とし，普通幾何公差を JIS B 0419 としているので，ISO の普通公差の指示方法とは少し異なる。

JIS で規定する普通公差の図面への指示方法は，次による。

- JIS B 0419 及び普通公差の等級
- JIS B 0405 及び普通公差の等級
- 普通寸法公差と普通幾何公差とを同時に指示する場合には，JIS B 0419 に普通寸法公差の等級記号と普通幾何公差の等級記号とを続けて指示する。

例：JIS B 0419 - mH

普通寸法公差と普通幾何公差とを表題欄の個々の枠内に指示する例を図7.3に示す[1]。

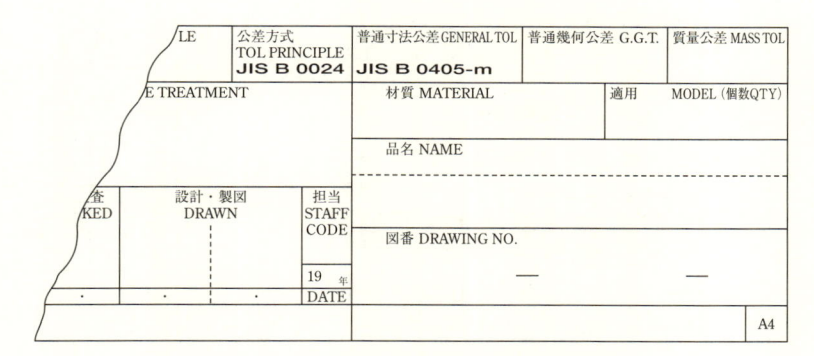

図7.3 表題欄の普通公差の指示例

7.4 採否

普通公差を図面に指示する場合，設計者が普通公差を適用する形体のすべてに対して，公差の"つめ"をしているとは限らない。その部品の精度に対して，精級か粗級かなどを要求していることが多い。そのため，JIS B 0419 では，次のように規定している。

"特に指示した場合を除いて，普通幾何公差を超えた工作物でも，工作物の機能が損なわれない場合には，自動的に不採用としてはならない。"

このような考え方が現在のISO及びJISの普通公差の解釈である。

7.5 普通幾何公差の指示例

JIS B 0021 によって個々に幾何公差を指示することは，公差の検証費用も確実にかかる。反面，普通幾何公差を指示することは，形体が公差内にあることを確実に検証することを要求していない。

普通公差を図面に指示することによって，要求精度が分かり，どこの工場へ，どこの会社へ製作を依頼すればよいのか，初品管理に公差が必要であり，工程能力指数の決定にも必要となる。

以上のような意味から，極力普通幾何公差を指示するのがよい。図7.4はJIS B 0021 によって個々に幾何公差を指示した例であり，図7.5はJIS B 0419 によって普通幾何公差を指示した例である。

図7.5に示す図示例が現在のあるべき図示である。

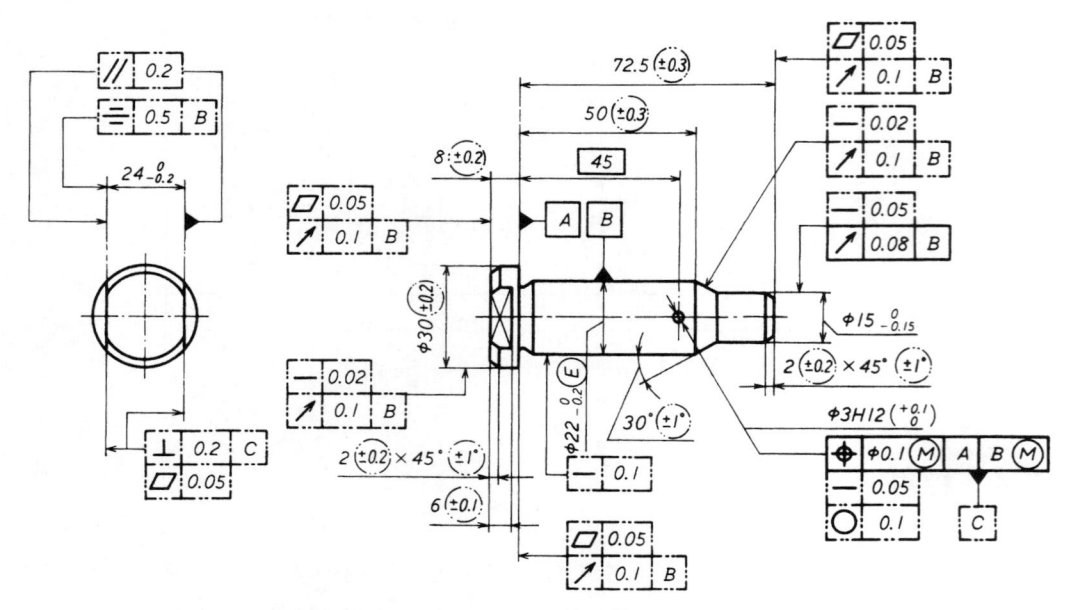

図 7.4　個々に幾何公差を指示する図示例　(JIS B 0419)

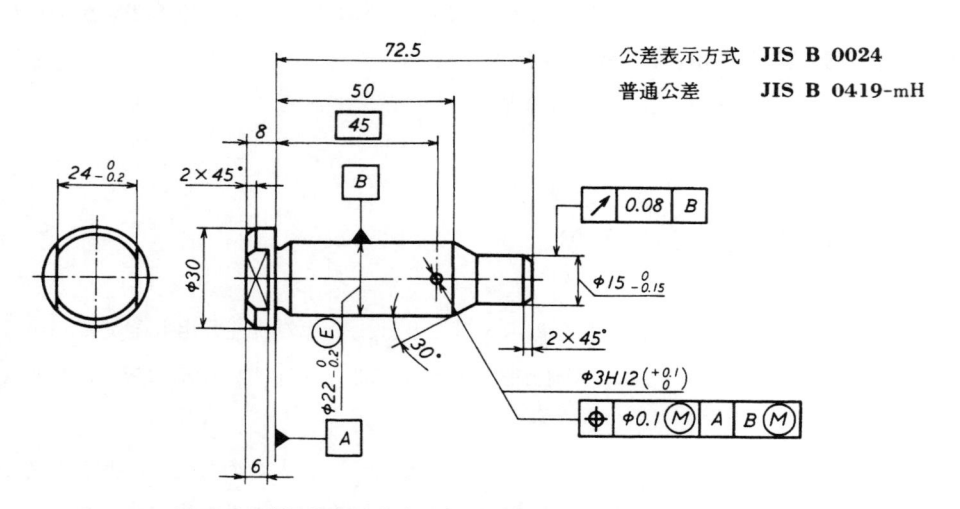

図 7.5　普通幾何公差を一括して指示する図示例　(JIS B 0419)

公差表示方式　JIS B 0024
普通公差　　　JIS B 0419-mH

引 用 文 献

1)　桑田浩志（1993）：新しい幾何公差方式，絶版，p.293，日本規格協会

附録　図面例

　ここに示す図面例は，最新のJISの規定に沿った指示例であって，実際に製作したものではないので，機能上の問題，加工上の問題などについては深く検討するまでには至っていない。あくまで公差の単なる指示例の参考である。

　また，図面例は一例であって，実際には工作機械，検証機器などによって技術的要求事項が異なるので，最善の指示例であるとはいえないところもある。公差や表面粗さパラメータ及びそれらの数値についても，単なる指示例であるため，実際に要求される品質を示すものではないことに留意されたい。

　今一つ，現在の図面は要求事項が多く，複雑になりつつあること，国際化する時代にあっては寸法及びその公差だけでは図面の役割を果たさなくなっていることを汲み取ってほしい。

　最新の図面の要求事項が複雑になったのは，製品の高性能化，高度化が要求されるとともに，工作機械，測定機器などの進歩が背景にある。

1.　エンジンブロックAB（図面番号：12345-1）

　データムAは，一般的には鋳放し鋳造品の表面3箇所のデータムターゲット領域から設定するが，ここではデータムターゲット領域の指示を省いて，主加工基準をデータム平面Aとした。データム平面Aが設定されると，垂直方向のデータムB，H，M，Nなどは容易に設定される。

　ボアの中心軸線は，クランクシャフト（図面番号：12345-3），エンジンヘッド（図面番号：12345-2）などとの位置関係が重要であるため，エンジンブロック上面にノックピン穴の軸線をデータムC及びデータムDとして，これら二つの穴の軸線を結ぶデータム平面を構成し，この共通データムC−Dに対して公差付き形体を規制する。

　なお，ブロックの中央をデータムとしてボアを左右に振り分ける場合は設計データム，フロント面をデータムとする場合は加工データムとすることがあるが，一品生産又は少量生産にはこれらの指示はよいが，大量生産には図面番号：12345-1に示すように，ノックピン穴の軸線をデー

タムにするのがよい。

なお，データムから公差付き形体までを理論的に正確な寸法で指示し，公差付き形体に位置度公差を指示する場合には，公差の累積がなくなる。

また，データムの選択は，加工基準がデータムになるように選ぶのがよい。

穴形体については，単に組み付くことを考えた場合，公差の増分を図ることができる最大実体公差方式（記号Ⓜ）を適用するのがよい。

クランクシャフトの軸受穴，カムシャフト軸受穴などの軸線の位置は，はめあいの要求があるから，最大実体公差方式（記号Ⓜ）を適用することはできない。

ねじ穴の位置を規制する場合には，検証方法を考えると，突出公差域（記号Ⓟ）を指示するのがよい。突出公差域を指示した場合，突出長さを指示するが，図面が複雑になると，この突出長さを指示する場所がない場合がある。このような場合，図面番号：12345-1に示すように図面注記をすることができる。

ASME Y14.5Mでは，突出長さ（高さ）を公差記入枠内の公差値の後に指示するようにしている。この例を附録図1に示す。

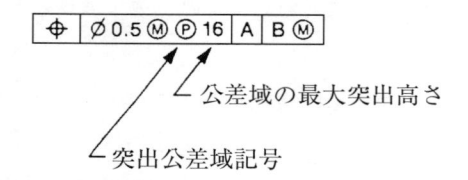

⌖ | ⌀0.5Ⓜ Ⓟ 16 | A | BⓂ

　　　　　　↑　↑
　　　　　　│　└ 公差域の最大突出高さ
　　　　　　└ 突出公差域記号

附録図 1 突出長さ指示例（ASME Y14.5M : 1994）

特に，エンジンヘッドを固定するねじ穴には燃料の爆発力が加わるから，ねじ穴が深くなる。そのため，下穴の軸線及びねじ有効径から誘導される軸線の位置の両方を規制するのがよい。

なお，図示例の中のLDはLeast diameterのことであり，ねじ穴の場合には下穴径を示す。LDやMD（Major diameter）の指示がない場合には，有効径が公差付き形体となる。

表面粗さの定義が2001年のJIS B 0601の改正で断面曲線から粗さ曲線に変更された（附録図2）。すなわち，低周波成分を除去したものが粗さ曲線である。このことは，75％のカットオフ値から50％のカットオフ値が適用される。低周波成分が除去されるから，粗さ曲線から得られた測定値のほうが少し小さくなる。

表面粗さは，水漏れや油漏れを阻止するためには，最大高さ粗さRzを選択するのがよい。このRzは旧JIS B 0601の十点平均粗さとは異なることに注意しなければならない。

エンジンボアについては，更に負荷長さ率tpを適用して，プラトーホーニング面を形成する場合が多いが，図面番号：12345-1にはこの指示はしていない。

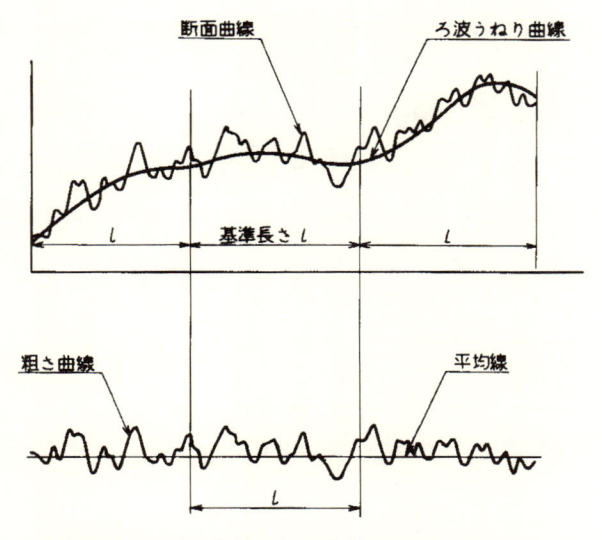

附録図 2　断面曲線と粗さ曲線（JIS B 0601：1994）

2. エンジンヘッド AB（図面番号： 12345-2）

　ノックピン穴となるデータム B 及びデータム C を設けて，これら二つの穴の軸線を結ぶデータム平面を構成し，この共通データム B-C に対して吸気ポート及び排気ポートの位置を規制する。
　吸気ポート及び排気ポートの円すい面は，気密を要するので，形状を規制するために，振れ公差ではなく，全振れ公差を指示するのがよい。ステムガイド穴は，はめあいの要求があるから，最大実体公差方式（記号Ⓜ）を適用することはできない。
　ねじ穴の位置は，突出公差域（記号Ⓟ）を指示する。突出公差域を指示した場合，突出長さを指示するが，突出長さを指示する場所がない場合には，図面番号：12345-2 に示すように図面注記できる。
　表面粗さは，エンジンブロックと同様に，水漏れや油漏れを阻止するために，最大高さ粗さ Rz を選択するのがよい。エンジンブロックとエンジンヘッドとの間にはメタルガスケットが挟まれるが，粗さパラメータはブロック上面とヘッド下面とは同じでなければならない。

3. クランクシャフト（図面番号： 12345-3）

　クランクシャフトは，両端部のデータム J 及びデータム K から設定される共通データム J-K に対して公差付き形体を規制するものと，両端のセンタ穴の軸線から設定される共通データム M-N に対して公差付き形体を規制するものとがある。機能的には共通データム J-K が用いら

れるが，加工時の測定及び市場における修理サービスの過程の測定時に共通データム M-N が必要となる。

なお，共通データム M-N は，簡易的なデータムである。

共通データム J-K は，個々のデータム形体から得られるデータセットを当てはめ方法によって求めた円筒の共通軸線を設定することができる。その例を附録図3に示す。

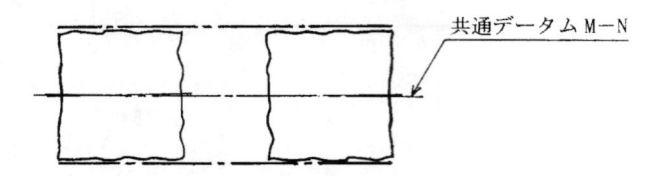

附録図3　当てはめ方法による共通データムの設定例

4. コネクティングロッド AB（図面番号： 12345-4）

大端径の真円度公差は，キャップをボルトで規定のトルクで締め付けてから加工したものに適用する。その穴の中心軸直線（データム A）に対して，小端径の位置を規制する。大端径も小端径もはめあいの要求があるから，Ⓜは適用できない。

小端径の対称度公差 φ0.04/100 は，しっくりはまり合うマンドレルを挿入したとき，100 mm の長さに対して円筒公差域 φ0.04 mm 内に軸線があればよいことを要求している。

キャップボルト穴の位置は，データム A 及び大端径部の中心平面データム C に対して位置度公差を規制する。この穴にはキャップボルトが入るだけであるから，Ⓜを適用することができる。

5. カムシャフト AB（図面番号： 12345-5）

中央部の円筒の同軸度公差は，共通データム P-Q が用いられるが，加工時の測定及び市場における修理サービスの過程で測定時にも使用されることを意図している。

歯車の精度については，もう少し検討する必要があることから，幾何公差については指示していない。

油溝拡大図(2:1)

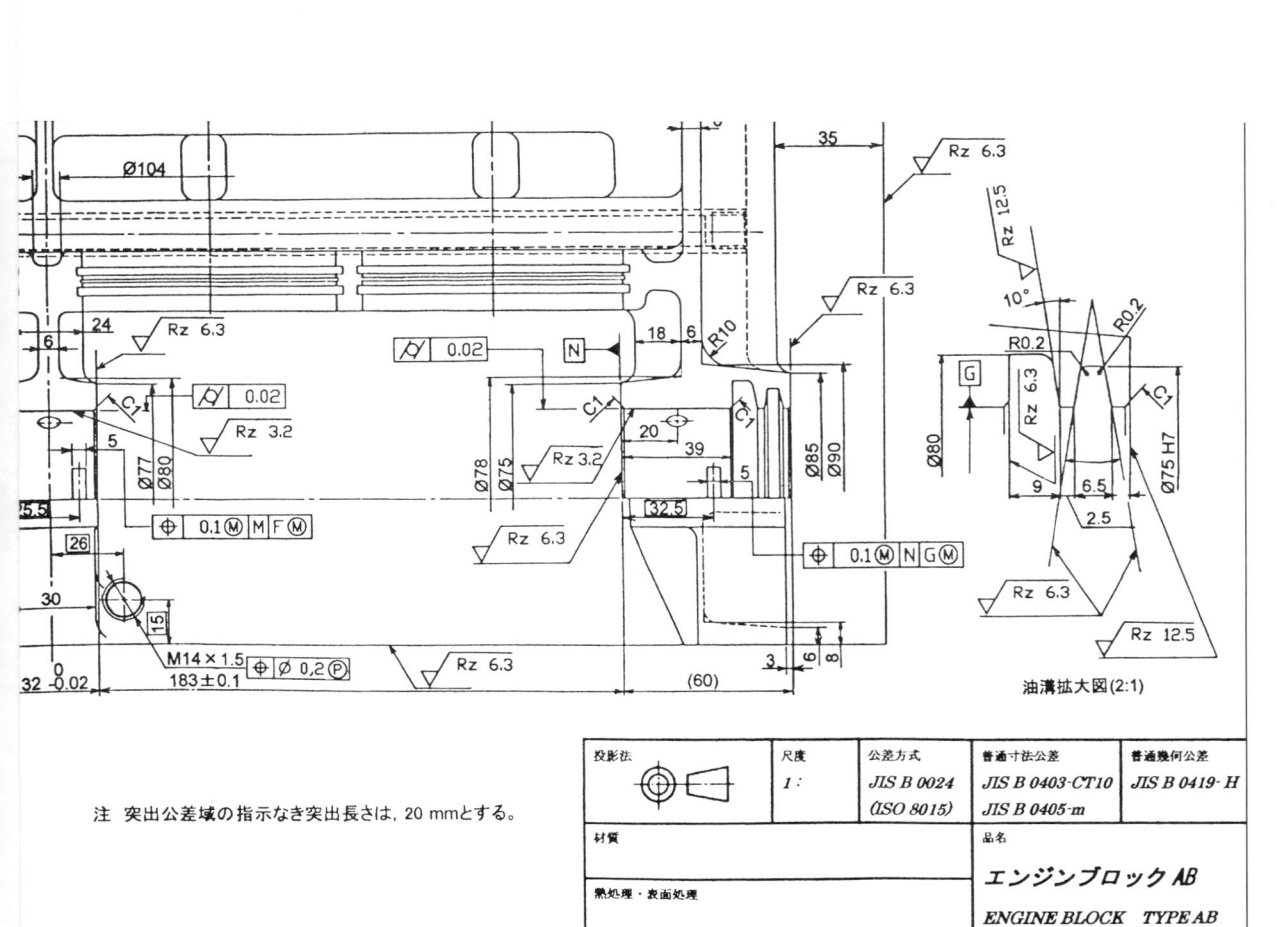

注　突出公差域の指示なき突出長さは、20 mmとする。

投影法	尺度	公差方式	普通寸法公差	普通幾何公差
⊕⊖	1:	JIS B 0024 (ISO 8015)	JIS B 0403-CT10 JIS B 0405-m	JIS B 0419-H
材質			品名 エンジンブロック AB ENGINE BLOCK TYPE AB	
熱処理・表面処理				

ABC 株式会社	承認	照査	設計	製図	図面番号
設計管理部受付　年　月　日	・ ・	・ ・	・ ・	・ ・	12345-1

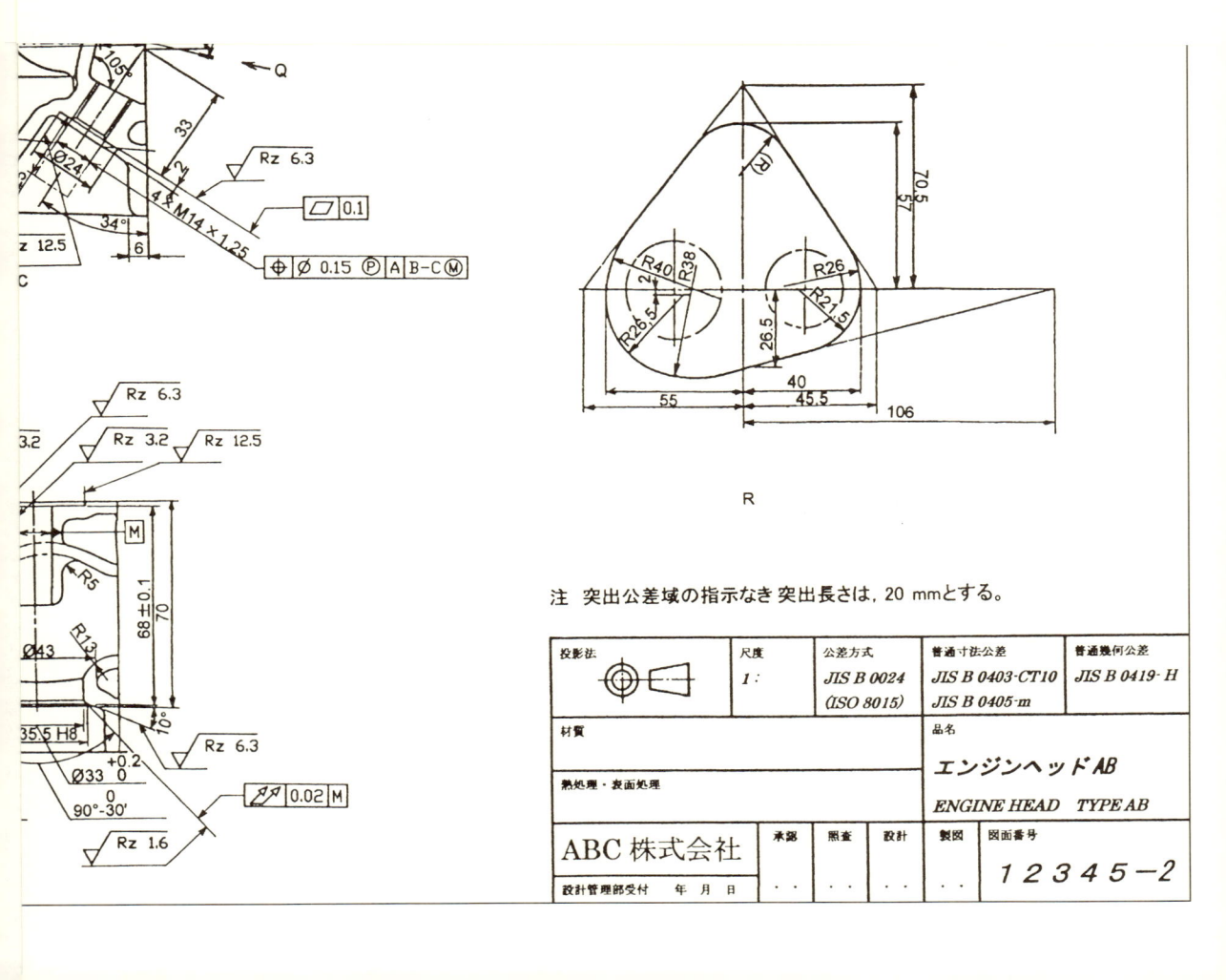

注 突出公差域の指示なき突出長さは，20 mmとする。

投影法		尺度	公差方式	普通寸法公差	普通幾何公差
⊕		1:	JIS B 0024 (ISO 8015)	JIS B 0403-CT10 JIS B 0405-m	JIS B 0419-H
材質				品名	
熱処理・表面処理				エンジンヘッド AB *ENGINE HEAD TYPE AB*	
ABC 株式会社	承認	照査	設計	製図	図面番号
設計管理部受付　年 月 日	・・	・・	・・	・・	12345-2

203

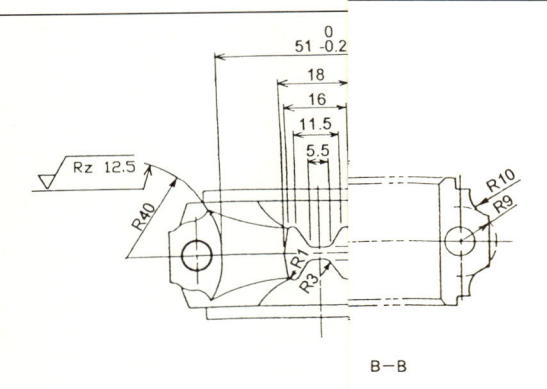

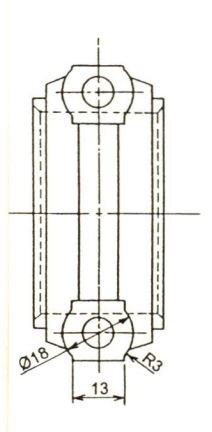

∇ Rz 12.5

51 0/-0.2
18
16
11.5
5.5

R40
R3
R10
R9

A—A   B—B

Ø18
13
R3

注1: *1は，コネクティングロッド用ボルトを
　　用いて，キャップを45±5 N·mで締め
　　付けた後に加工したときの公差である。
　2: *2は，キャップを45±5 N·mで締め付
　　けた後に加工したときのキャップを含め
　　た公差である。

⌖ Ø0.0

⌿ 0.1 Ⓜ C Ⓜ

投影法	尺度	公差方式	普通寸法公差	普通幾何公差
⊕	1:	JIS B 0024 (ISO 8015)	JIS B 0403-CT10 JIS B 0405-m	JIS B 0419-H
材質			品名	
熱処理・表面処理			コネクティングロッド AB CONECTING ROD　TYPE AB	
ABC 株式会社	承認	照査	設計	製図	図面番号
設計管理部受付　年　月　日					12345-4

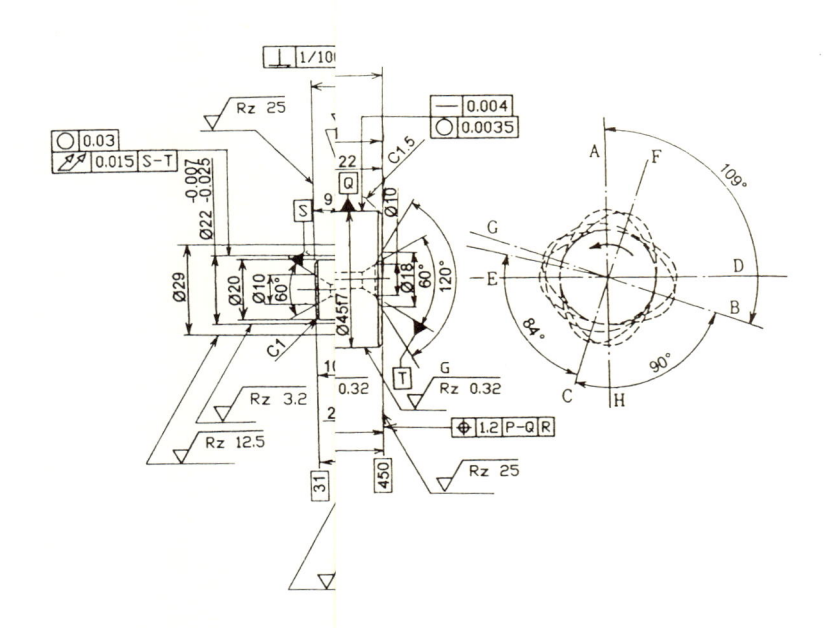

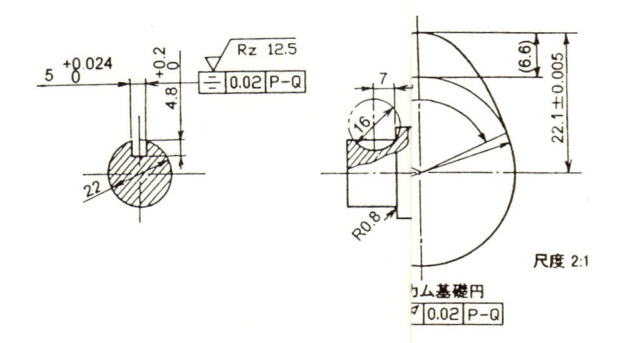

205

油ポンプ駆動歯車要目表	
ねじ歯車	
歯形	標準
モジュール	1.75
圧力角	20°
モジュール×歯数	3×13
ピッチ円直径	39
歯先/歯元円直径	42.5/34.9
全歯たけ	3.795
ねじれ角	左 54°19′
仮想ピッチ円直径	14.6

投影法	尺度	公差方式	普通寸法公差	普通幾何公差
	1:	JIS B 0024 (ISO 8015)	JIS B 0403-CT10 JIS B 0405-m	JIS B 0419-H

材質					品名
熱処理・表面処理					カムシャフトAB CAM SHAFT TYPE AB
ABC 株式会社	承認	照査	設計	製図	図面番号
設計管理部受付　年　月　日					12345-5

参照規格一覧

1. 日本工業規格（JIS）

JIS B 0001：2000	機械製図
JIS B 0021：1998	製品の幾何特性仕様（GPS）―幾何公差表示方式―形状，姿勢，位置及び振れの公差表示方式
JIS B 0022：1984	幾何公差のためのデータム
JIS B 0023：1996	製図―幾何公差表示方式―最大実体公差方式及び最小実体公差方式
JIS B 0024：1988	製図―公差表示方式の基本原則
JIS B 0025：1998	製図―幾何公差表示方式―位置度公差方式
JIS B 0051：2004	製図―部品のエッジ―用語及び指示方法
JIS B 0401：1986	寸法公差及びはめあい
JIS B 0401-1：1998	寸法公差及びはめあいの方式―第1部：公差，寸法差及びはめあいの基礎
JIS B 0403：1995	鋳造品―寸法公差方式及び削り代方式
JIS B 0405：1991	普通公差―第1部：個々に公差の指示がない長さ寸法及び角度寸法に対する公差
JIS B 0408：1991	金属プレス加工品の普通寸法公差
JIS B 0410：1991	金属板せん断加工品の普通公差
JIS B 0411：1978	金属焼結品普通許容差
JIS B 0415：1975	鋼の熱間型鍛造品公差（ハンマ及びプレス加工）
JIS B 0416：1975	鋼の熱間型鍛造品公差（アプセッタ加工）
JIS B 0601：1994	製品の幾何特性仕様（GPS）―表面性状：輪郭曲線方式―用語，定義及び表面性状パラメータ
JIS B 0621：1984	幾何偏差の定義及び表示
JIS B 0672-1：2002	製品の幾何特性仕様（GPS）―形体―第1部：一般用語及び定義
JIS B 0672-2：2002	製品の幾何特性仕様（GPS）―形体―第2部：円筒及び円すいの測得中心線，測得中心面並びに測得形体の局部寸法
JIS Z 8318：1998	製図―長さ寸法及び角度寸法の許容限界記入方法

2. 国際規格（ISO）

ISO 1829：1975	Selection of tolerance zones for general purposes
ISO 286-1：1988	ISO system of limits and fits–Part 1: Bases of tolerances, deviations and fits
ISO 286-2：1988	ISO system of limits and fits–Part 2: Tables of standard tolerance grades and limit deviations for holes and shafts
ISO 129-1：2004	Technical drawings–Indication of dimensions and tolerances–Part 1: General principles

3. 各国規格

ANSI B 4.2：1978	Preferred Metric Limits and Fits
ANSI/ASME Y14.5M：1994	Dimensioning and Tolerancing

CSA B78.2 : 1991	Dimensioning and Tolerancing of Technical Drawings
NF E 04-521 : 1986	Dessins techniques. Principes generaux — Disposition des cotes et execution materielle
DIN 1680 : 1980	Rough castings; general tolerances and machining allowances; general

日本語索引

ア

当てはめ外殻形体　16
当てはめ寸法　16
当てはめ誘導形体　16
穴あけ加工　25
穴基準はめあい　45, 52
穴の軸線　14
穴の直径　15
アプセッタ　102
アンダーカット　67, 68

イ

鋳型　79
　——公差　80
板厚　31
位置寸法　14
位置度　128
　——公差　15, 20, 150, 154, 157
位置偏差　119
一方向の位置度　128
一方向の真直度　120
一方向の対称度　131
一方向の直角度　125
一方向の平行度　123
一括指示　66, 71
一点鎖線　70, 144
一般公差　79
イヌキ　25
鋳放し鋳造品　79
鋳放し鋳造品の基準寸法　89
インベストメント鋳造　80

ウ

上の寸法許容差　47
浮き出しの高さ　100
内側形体　66
内側寸法　113
打ヌキ　25
打抜き加工　111
内抜けこう配　85

エ

エジェクタ跡の深さ　100
エッジ　66

ア

　——公差　67
円形形状　25
円形平面　132
円弧の長さ　31
円周寸法　19
円周振れ　132
　——公差　190
鉛直方向の真直度　120
円筒度　121
　——公差　150, 188
円筒母線　150

オ

大きさ寸法　14, 15

カ

外挿法　37
角柱　29
角度位置関係　175
角度公差　64
角度サイズ　15
角度寸法　14, 20, 65, 114
型合せ面　81
片側公差　65
型ずれ　85, 107
　——の許容値　98
かどの丸み　20, 28, 98, 107
金型鋳造　80
間隔　20, 113
完全形状　75, 153
簡便なデータムの設定　139
関連形体　119, 140

キ

機械加工　79
幾何学的円　121, 128
幾何学的円筒　120, 121, 123
幾何学的基準　119, 136
幾何学的球　122, 128
幾何学的直線　120, 123
幾何学的に正確な輪郭　122
幾何学的に正しい球　122
幾何学的平行二直線　121
幾何学的平行二平面　120, 124

幾何学的平面　121, 123
幾何学的輪郭　122
　——線　122
　——面　122
幾何公差　75, 80, 119, 150
　——特性記号　141
幾何偏差　119
　——の許容値　135
基準寸法　35, 63
基礎となる寸法許容差　39
起点記号　20, 23
機能ゲージ　160, 163
　——の理論寸法　172
　——例　180
機能寸法　21
基本公差　34
球の中心　14
球の半径　29
共通公差域　159
共通データム　169
　——軸直線　169
極座標系　24
極座標寸法　18
局部実寸法　152, 154, 156
局部寸法　17
曲率半径　31
許容差　33
キリ　25
　——加工　26
金属焼結品　116
金属の除去加工　112
金属プレス加工品　111

ク

グループデータム　174

ケ

傾斜度　126
形状公差　140
形状測定機　16, 160
形状の複雑度　91, 102
形状偏差　119
形体　14
　——グループ　157, 174
ゲージ手法　150
ゲージ長　162
削り加工　87, 113

削りしろ　80
限界ゲージ　162
弦の長さ　31

コ

工具径　27
公差　33
　——記入枠　140, 151
　——値　141
　——付き形体　141, 167
　——の累積　74
公差域　142
　——クラス　49, 52, 60, 66
　——の位置　38, 88
工程能力指数　191

サ

最小外接円寸法　18
最小許容寸法　63, 64
最小二乗寸法　16, 20
最小二乗法　16
最小実体公差方式　182
最小実体状態　152, 182
最小実体寸法　152, 158
最小しめしろ　50
最小すきま　49
最小寸法　65
最小肉厚　184
最小領域寸法　16
最小領域法　16
サイズ寸法　15, 16
最大許容寸法　63, 64
最大実体公差方式　150, 151
最大実体状態　151, 152
最大実体寸法　152, 155, 158
最大しめしろ　50
最大すきま　49
最大寸法　65
最大内接円寸法　18
最大内接円法　18
座ぐり　26
座標寸法　14, 18
座標寸法記入法　22, 24
三次元測定機　16, 160
三平面データム系　139

シ

仕上がり寸法　21, 89
仕上がり精度　112
軸基準はめあい　52
軸線　122, 142
軸方向の円周振れ　132
軸方向の全振れ　133
指示寸法　20
指示線　142, 147
姿勢偏差　119
下の寸法許容差　47
実形体　16
実効状態　152, 155, 160
実効寸法　152, 160
実測寸法　21
実半径　28
実用データム形体　136
絞り加工　111
しまりばめ　49, 50
しめしろ　45, 50
自由状態　19
重複寸法　27
十進法　64
詳細寸法　66
常用するはめあい　53, 58
真円度　121, 122
　——公差　19, 187
真円度測定機　16
心間寸法　97, 107
真直度　75, 120
　——公差　187

ス

水準器　163
水平方向の真直度　120
すえ込部　102
すきま　45, 49
すきまばめ　49, 50
図示外殻形体　16
図示記号　71
図示誘導形体　16
砂型鋳造　80
隅の半径　28
隅の丸み半径　98, 107
寸法　14
　——許容差　33, 79
　——公差　14, 33, 63

——公差記号　49, 66
——差　79
——指示方法　22
——の許容限界　63
——の定義　13
——補助記号　25

セ

成形加工　112
正座標系　139
設計指示寸法　20
設計寸法　20
切断幅　111
全周記号　70
せん断端部の変形　109
線の輪郭度　122
全振れ　133

ソ

測得円筒　17
測得外殻形体　16
測得誘導形体　16
外側形体　66
外側寸法　113
外抜けこう配　85
そり　108

タ

ダイカスト　80
対称度　130
　——公差　189
互いに直角な二方向の位置度　129
互いに直角な二方向の直角度　125
互いに直角な二方向の平行度　123
段差寸法　20, 113
単独形体　119, 144, 162
段の寸法　104
端末記号　142
端面　14
断面輪郭線　120

チ

中間ばめ　49, 51
中心点　142
中心平面　142
鋳造幾何公差　80
鋳造公差　80

鋳造品公差　80
鋳造品の基準寸法　79
鋳造品の寸法公差方式　80
直線形体　120, 123
直線寸法　14
直列寸法記入法　22
直角度　124
　——公差　188
直径　20, 113
　——記号　25
　——寸法値　25

ツ
追加的な公差　151

テ
低圧造品　80
データセット　16
データム　119, 136, 143, 188
　——系　139, 144
　——形体　136, 156
　——三角記号　20, 143
　——軸直線　130, 131
　——中心平面　131
　——直線　123, 127
　——の設定方法　139
　——平面　123, 124, 127
　——文字記号　141, 143, 164
データムターゲット　140, 144
　——記号　144
　——線　144
　——点　144
　——領域　144
テーラーの原理　162
展開半径　29

ト
等級記号　66, 190
統計寸法　19
同軸性　179
同軸度　130
　——公差　150, 190
同心度　130
動的公差線図　160, 162
通り側ゲージ　162
特定の検証方法　140
独立の原則　74, 76

突出公差域　158, 170
止り側ゲージ　162

ナ
中子　81
長さ寸法　15, 20
長さの公差　104
斜め法線方向の円周振れ　132
ナノメートル　13

ニ
肉厚　82, 86
二点寸法　15
二点測定　20
二方向の対称度　131

ヌ
抜けこう配　80, 85, 107

ネ
ねじ外径　148
ねじ内径　148
熱間型鍛造品　90

ノ
ノギス　15

ハ
バックリング　112
パッシング　67
幅寸法　15, 27
はまり合う寸法　152
はめあい　49
はめあい方式　33, 51
ばり　67
ばりかえり　100, 109
ばりかじり　99, 108
ばり残り　99, 108
半径　20, 113
半径方向の全振れ　133
番線　19

ヒ
引出線　26
非機能寸法　21
標準ねじゲージ　170
表題欄　70

表面はだあれ　　101, 109

フ
深穴の偏り　　99, 108
複合位置度公差方式　　157
複合寸法　　14
複合寸法記入法　　22, 25
副投影面　　28
普通幾何公差　　76, 187, 190
普通公差　　66, 112
　　——の図面への指示方法　　190
普通寸法公差　　79, 190
浮動　　156, 172
フルサイズゲージ　　162
振れ公差　　150

ヘ
平行度　　123
　　——公差　　20
平行二線　　146
平行二直線　　146
平面角　　64
平面形体　　120, 121, 123
　　——の位置度　　129
平面図形　　130
平面度　　121
　　——公差　　187
並列寸法記入法　　22
偏差　　33, 63
偏心　　107
偏肉　　86

ホ
方向を定めない場合の位置度　　129
方向を定めない場合の直角度　　125
包絡の条件　　153
母線の真直度　　122

マ
マイクロメータ　　15
マイクロメートル　　13
前加工　　79, 87

曲げ加工　　111, 112

ミ
溝加工　　27
溝の中心平面　　14
ミリメートル　　13

メ
メートル　　13
　　——原器　　13
　　——条約　　13
　　——の定義　　13
面積寸法　　19
面取り　　30
　　——角度　　30
　　——寸法　　20, 30
面の輪郭度　　122

モ
模型　　79
　　——公差　　80

ヨ
要求する削りしろ　　87
呼び寸法　　21

ラ
ラジアン　　64

リ
リーマ加工　　26
理論的に正確な位置　　128
理論的に正確な寸法　　15, 122, 149, 154
輪郭度公差　　147, 150
輪郭線の偏差　　122

ル
累進寸法記入法　　22

ロ
六十進法　　64

英語索引

A
actual local size　17, 152, 154, 156
angular dimension　14
angular size　15
area dimension　19
associated derived feature　16
associated dimension　16
associated integral feature　16
axis　142

B
basic dimension　63
basic dimension of raw casting　79

C
casting-system of dimensional tolerances　80
casting tolerance（CT）　80
chain dimensioning　22
chamfer height for broken edge　20
circumference dimension　19
clearance　49
clearance fit　50
common zone（CZ）　147, 159
composite dimension　14
composite dimensioning　25
composite positional tolerancing　157
coordinate dimension　14, 18
coordinate dimensioning　24

D
datum　136
datum feature　136
datum letter　141
Datum reference system　139
datum system　139
datum target　140
datum target area　144
datum target line　144
datum target point　144
design dimension　20
diameter　20
dimension　14
dimensional tolerance　33
distance　20

draft angle　85
dynamic tolerance diagram　160

E
EI　47
envelope requirement（Ⓔ）　75
ES　47
external draft angle　85
external feature　66
external radius　20
extracted derived feature　16
extracted integral feature　16

F
feature　14
final machining　79
finished dimension　21
fit　49
fits system　51
formed from sheet metal　112
free state　19
functional dimension　21
functional gauge　160

G
general tolerance　112
geometrical deviation　119
geometrical tolerance　119
gravity die casting　80

H
high pressure die casting　80
hole-basis system of fits　52

I
interference　50
interference fit　50
internal draft angle　85
internal feature　66
investment casting　80

L
Least Diameter（LD）　148
least material condition（LMC）　152, 179, 182

least material requirement（LMR）　182
least material size（LMS）　152
least square size　16
limits gauge　162
linear dimension　14
low pressure die casting　80

M

Ⓜ　154
Major Diameter（MD）　148
mating size of external feature　152
mating size of internal feature　152
max.　65
maximum clearance　49
maximum inscribed size　18
maximum interference　50
maximum material condition（MMC）
　　　　　　　　　　　151, 152, 179
maximum material requirement（MMR）　151
maximum material size（MMS）　152, 155, 162
measured dimension　21
median plane　142
metal removal　112
min.　65
minimum circumscribed size　18
minimum clearance　49
minimum interference　50
minimum zone method　16
minimum zone size　16
mismatch　85
mould　79

N

nominal derived feature　16
nominal dimension　21, 63
nominal integral feature　16
nominal size　21

O

origin symbol　20

P

Ⓟ　159
parallel dimensioning　22
pattern　79
perfect form　153
point　142
polar form dimension　18

position of tolerance zone　38
positional dimension　14
pre-machining　79
principle of independency　74
projected tolerance zone　170

R

rad　64
radius　20
radius of external round　28
radius of internal round　28
raw casting　79
real feature　16
required machining allowance（RMA）　80, 87

S

sand moulding　80
shaft-basis system of fits　52
simulated datum feature　136
size dimension　14
specified dimension　20
standard tolerance　34
Statistical Dimension（ST）　19
Statistical Tolerance（ST）　19
step dimension　20
superimposed running dimensioning　22

T

t　31
theoretically exact dimension（TED）　15, 149
three coordinate datum system　139
tolerance　33
tolerance class　49
toleranced feature　141
toleranced frame　140
transition fit　51
two-point dimension　15

U

unilateral tolerance　65

V

verification method　140
virtual condition（VC）　152, 155
virtual size（VS）　152, 162

W

wall thickness　86

著者略歴

桑田　浩志（くわだ　ひろし）

広島県福山生れ
関西大学工学部機械工学科の教職を辞し，1972 年にトヨタ自動車工業株式会社入社
（現トヨタ自動車株式会社）技術管理部，設計管理部で社員教育，設計・製図関係
標準化，部品標準化，SI 化に従事

2000 年 4 月にトヨタ自動車株式会社を定年退社（設計管理部）
2000 年 4 月に有限会社桑田設計標準化研究所設立 現在代表取締役社長
ISO/TC 10（製図）日本代表エキスパート
ISO/TC 10 国内対策委員会幹事
ISO/TC 10/SC 10（製品技術文書用図記号）国内対策委員会主査
ISO/TC 12（SI）国内対策委員会委員
ISO/TC 213（製品の幾何特性仕様及び検証）日本代表エキスパート
ISO/TC 213 国内対策委員会委員
ISO/TC 213/G 2（鋳造関係）国内対策委員会主査
ISO/TC 213/G 5（幾何公差関係）国内対策委員会主査
ISO/TC 227（ばね）国内委員会委員
日本工業標準調査会標準部会機械要素技術専門委員会委員
JIS 設計・製図関係原案作成委員会委員
2002 年 春の叙勲・褒章において藍綬褒章を受章

主要著書

JIS 用語解説シリーズ　製図用語（共著）（1993，日本規格協会）
機械製図マニュアル　第 4 刷（共著）（2010，日本規格協会）
図面の新しい見方・読み方　改訂 2 版（共著）（2005，日本規格協会）
新しい幾何公差方式（1993，絶版，日本規格協会）
SI 移行の進め方（編集委員長）（1991，日本規格協会）
くるまと国際単位系（編集委員長）（1991，自動車技術会）
自動車工業と SI 化（編集委員長）（1992，自動車技術会）
SI 化マニュアル 新計量法への適用（共著）（1995，日本規格協会）
SI 化ガイドブック（共著）（1997，日本規格協会）
ねじ締結体設計のポイント 改訂版（共著）（2002，日本規格協会）
JIS に基づく幾何公差方式［ポケット版］（2010，日本規格協会）

ISO・JIS 準拠
ものづくりのための寸法公差方式と幾何公差方式

定価：本体3,500円（税別）

2007年5月14日	第1版第1刷発行
2019年3月15日	第3刷発行

編 著 者　　桑田　浩志
発 行 者　　揖斐　敏夫
発 行 所　　一般財団法人 日本規格協会
　　　　　　〒108-0073　東京都港区三田3丁目13-12　三田MTビル
　　　　　　　　　　　　http://www.jsa.or.jp/
　　　　　　　　　　　　振替　00160-2-195146
印 刷 所　　三美印刷株式会社
制　　作　　株式会社大知

© H. Kuwada, 2007　　　　　　　　　　　　　　Printed in Japan
ISBN978-4-542-30637-0

● 当会発行図書，海外規格のお求めは，下記をご利用ください．
　販売サービスチーム：(03) 4231-8550
　書店販売：(03) 4231-8553　注文FAX：(03) 4231-8665
　JSA Webdesk：https://webdesk.jsa.or.jp/